人居动态 2013 X

全国人居经典建筑规划设计方案竞赛获奖作品精选

QUAN GUO REN JU JING DIAN JIAN ZHU GUI HUA SHE JI
FANG AN JING SAI HUO JIANG ZUO PIN JING XUAN

郭志明　陈新　主编

中国林业出版社
China Forestry Publishing House

目录
CONTENTS

昆山花桥金融园

项目名称：昆山花桥金融园
开发单位：北京城建兴华地产有限公司
设计单位：北京易兰城乡规划工程设计有限公司

技术经济指标
用地面积：11.4 公顷
总建筑面积：1170968m²
报建地上面积：1129298m²
报建地下面积：41670m²
建筑密度：21.0%
容积率：1.13
绿地率：35.5%
停车位：1390 辆

昆山位于长三角都市圈核心的第一圈层，是国内重要的先进制造业和现代服务业的示范城市，同时也是中国魅力城市、国家园林城市，是中国居住典范城市，与上海一体化发展，承接上海转移的先进制造业以及现代服务业，成为长三角都市圈中先进制造业和现代服务业发展示范性城市。

铁路：京沪铁路穿越开发区，并在区内设有二等客货运输站。目前上海乘坐火车到昆山只需 18 分钟，昆山已经纳入半小时上海城市生活圈。规划中的高速铁路、城际轻轨。

公路：区域内公路网健全，沪宁高速公路上海通向昆山的轻轨将在 2009 年底修通花桥国际商务城地处苏沪交界处——昆山花桥经济开发区，地域面积 50 平方千米，距离上海市中心不到 25

千米，西邻昆山国家级开发区，东依上海国际汽车城。2005 年 8 月，江苏省委、省政府提出把商务城建成江苏省发展现代服务业的示范区，并列入省"十一五"规划重点服务业发展项目，是江苏省三大商务集聚区之一，2006 年 8 月被批准为省级开发区。2007 年 6 月又被列为江苏省国际服务外包示范基地。

昆山花桥国际商务城位于江苏"东大门"，东邻上海国际汽车城，嵌入上海外环线，西靠昆山国家级开发区，是江苏和上海两地的出入口，距上海市中心只有不到 25 千米。沪宁高速、312 国道、上海郊环线等均交汇于此，沪苏两地轨道交通也在此对接。连通上海市内轨道交通的 R3 轻轨规划站点离商务城不到 500 米。区内有直通上海港的内河航道吴淞江，有沪宁铁路货运站，而且距离上海虹桥机场只有 20 千米。

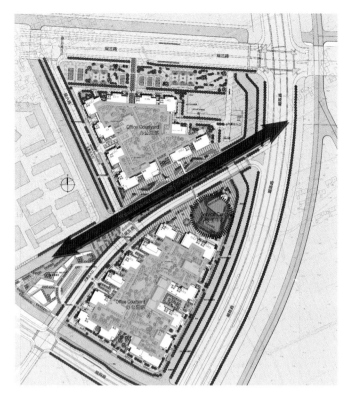

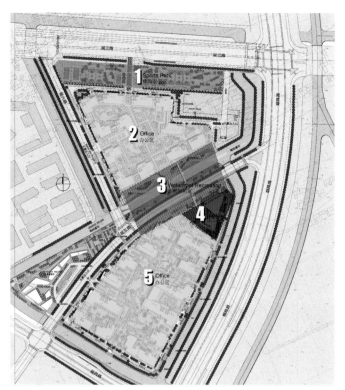

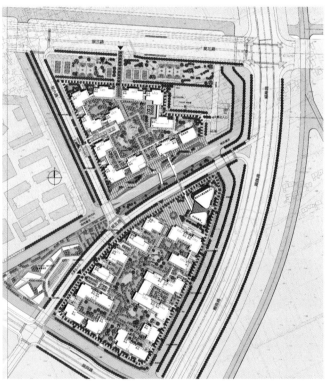

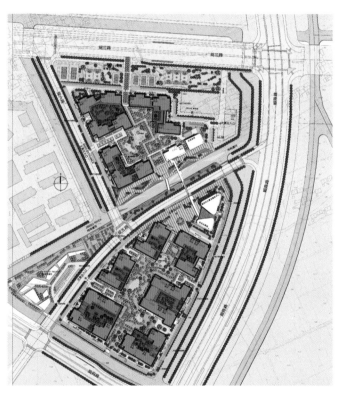

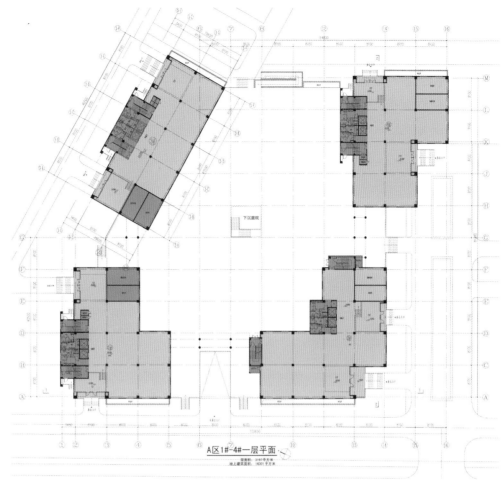

A区1#-4#一层平面

湖北恩施中央商务区

项目名称：湖北恩施中央商务区
设计单位：上海华都建筑规划设计有限公司

技术经济指标
用地面积：20.65 公顷
总建筑面积：620000m²
计容积率建筑面积：319816 m²
容积率：3.00
绿地率：30%
户数：9530 户
停车位：5380 辆

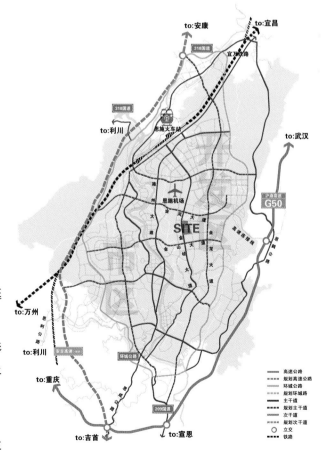

项目位于恩施土家族苗族自治州恩施市北部。恩施市北接始县，东联鹤峰县，西靠利川县，南接宣恩县。

四轴——沿金龙、金桂大道延伸的城市空间发展纵线；沿金凤、金山大道延伸的城市空间发展横轴。

四心——在金龙大道两侧以及金凤大道以北集中布置公共服务设施用地，形成旅游服务中心；在西部集中布置商业服务用地，形成商贸服务中心；在土桥坝以湖北民族学院为主，结合其他大专院校、高职高专，形成科教文化中心；在东南部结合龙洞河景区形成旅游休闲中心。

五区——北部以居住用地为主的生活居住区，中部以旅游服务设施用地为主的旅游服务核心区，西部以商业用地为主的商务综合区，西南以教育科研用地为主的科教文化区，以及规划区东南部以龙洞河风景区为主的旅游休闲区。

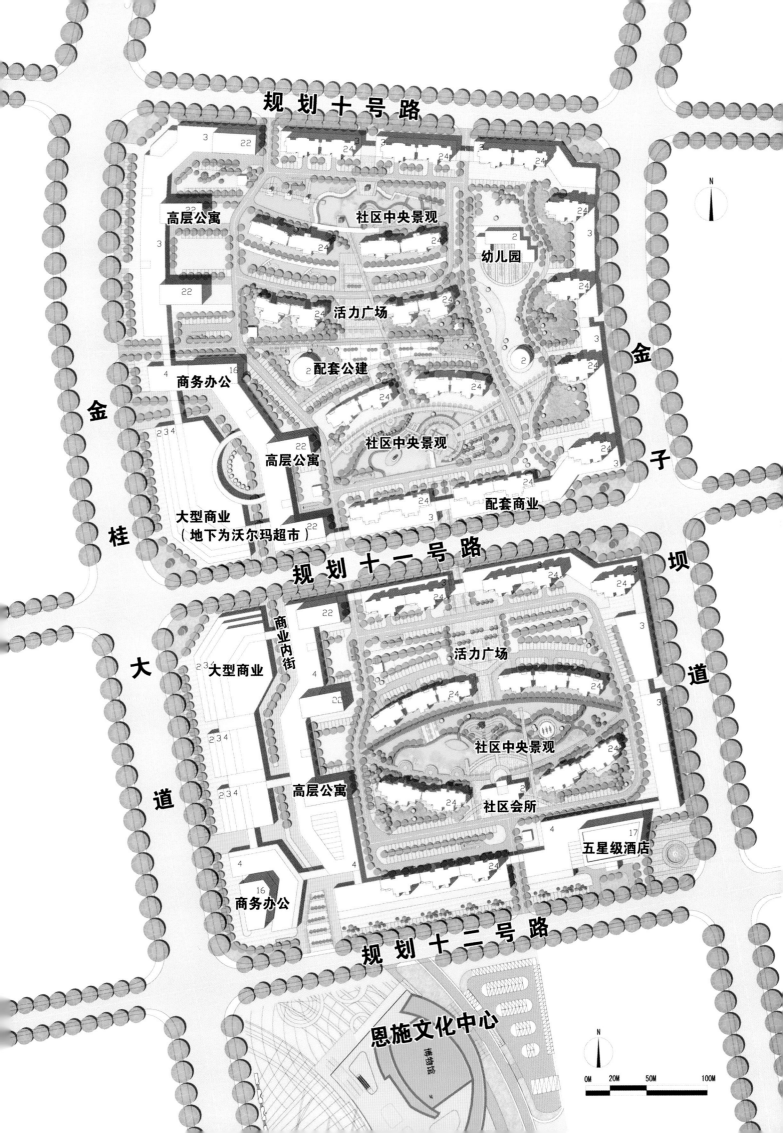

规 划 十 号 路

高层公寓

社区中央景观

幼儿园

活力广场

配套公建

商务办公

社区中央景观

高层公寓

配套商业

大型商业
（地下为沃尔玛超市）

规 划 十 一 号 路

商业内街

大型商业

活力广场

社区中央景观

高层公寓

社区会所

五星级酒店

商务办公

规 划 十 二 号 路

金 桂 大 道

金 子 坝 大 道

恩施文化中心

N

0M 20M 50M 100M

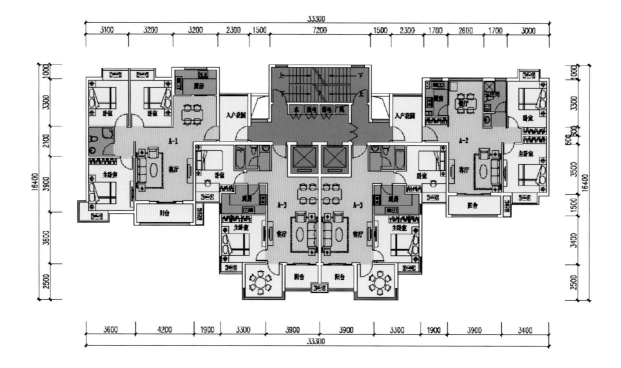

A 户型平面图

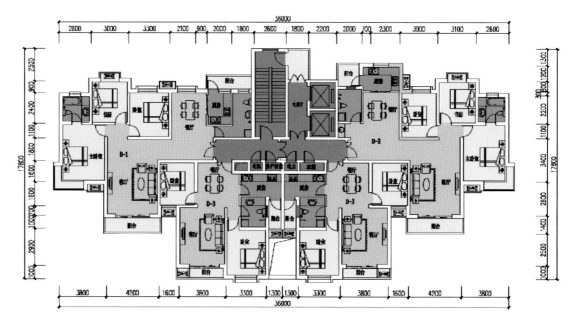

D 户型平面图

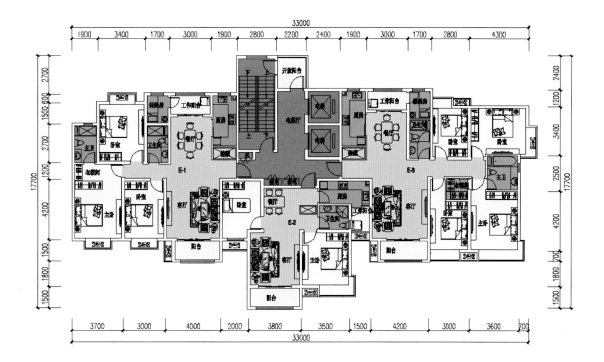

E 户型平面图

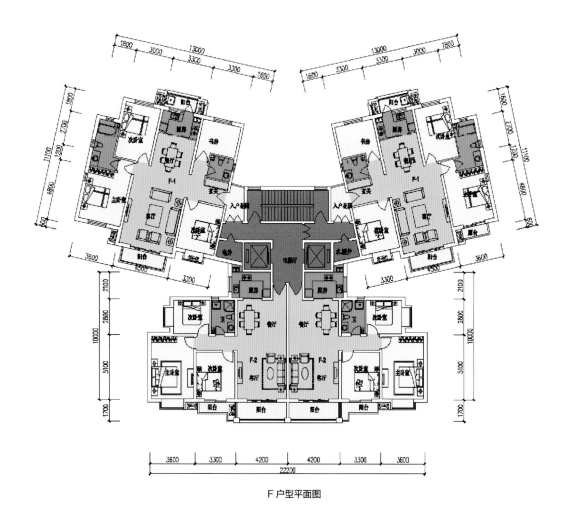

F 户型平面图

中海·御湖公馆、御湖一号

项目名称：中海·御湖公馆、御湖一号
开发单位：中海兴业（西安）有限公司
设计单位：中国中元国际工程公司

技术经济指标
用地面积：64840.9m²
总建筑面积：255134.5m²
报建地上面积：223693m²
报建地下面积：31441.5m²
容积率：3.44
绿地率：36%
户数：1359户
停车位：1129辆

中海·御湖公馆、御湖一号位于西安市曲江新区核心地段，西邻大雁塔景区，南邻大唐芙蓉园景区，东临曲江海洋公园，北临曲江大道。周边商业、医疗、教育、交通等配套设施完善。

中海·御湖公馆、御湖一号项目为高层住宅项目，分为两期进行开发。目前一期已经建设完成，并陆续交付业主，二期正在开发建设中。

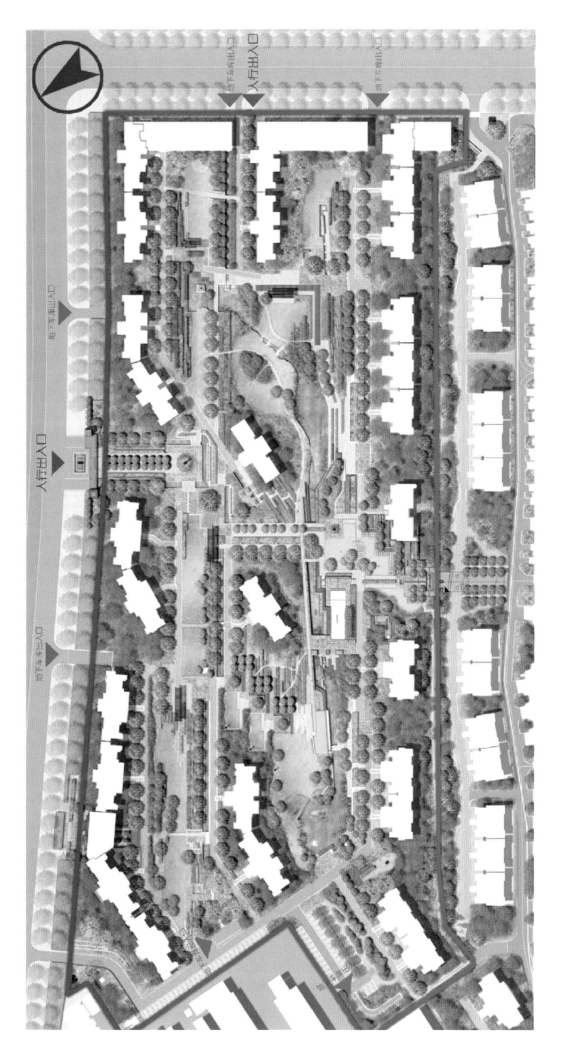

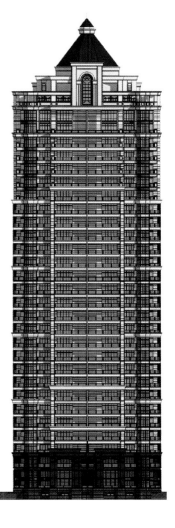

项目根据整个建设用地的走向规划为南北三排横向布局，超大间距保证各楼栋都拥有良好的采光朝向。项目一期，二期之间因天然存在的地裂缝而各自形成独立组团，使整个小区的规划结构主次分明、井然有序。因为项目南邻大唐芙蓉园景区，从高处可以直接眺望景区内的湖景，这就使得场地南侧的景观资源十分优越，所以在规划中把大面积的户型都布局在这一线。同时，为了保证北侧的住宅也同样拥有高品质的景观资源，在规划上对楼栋的朝向进行调整，充分利用南侧楼栋的横向间距，让北侧的高层住宅也拥有良好的视野。场地南侧的六栋楼因其绝无仅有的位置和资源被命名为御湖一号，其余九栋楼命名为御湖公馆。

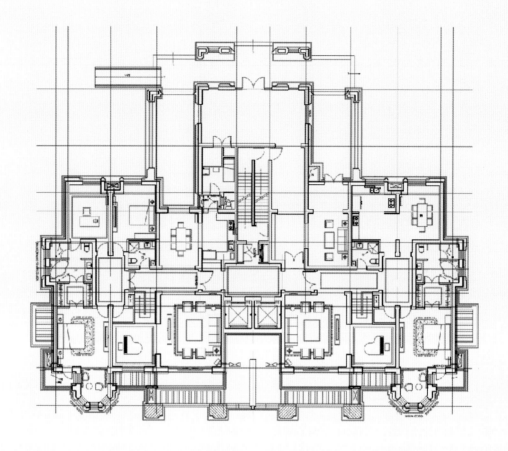

8#楼首层平面图

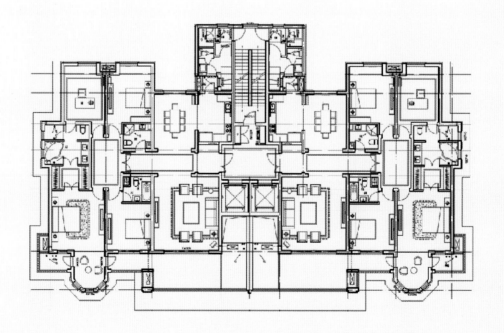

8# 楼标准层平面图

宁波滨江大道书城南侧地块项目

项目名称：宁波滨江大道书城南侧地块项目
开发单位：宁波市规划局
设计单位：同济大学建筑设计研究院（集团）有限公司

技术经济指标

用地面积：11326m²
总建筑面积：25174m²
报建地上面积：11902m²
报建地下面积：5192m²
容积率：1.764
绿地率：34.6%

项目概况

宁波三江口是浙江甬江、姚江、奉化江交汇之处，它是宁波最早的"宁波港"港埠。本案位于宁波三江口处，用地北起宁波书城，南侧紧邻甬江大桥，东靠滨江东路，与宁波美术馆、宁波城市规划馆、宁波外滩等标志性建筑和景观隔江相望，基地相平坦，现状为城市绿化用地。

设计构思

本项目设计构思从基地所处特殊的地理位置解析开始。历史上这里就已是中国对外开放的重要港埠，百舟靠泊，贾船交至，是宁波兴旺繁荣的起点；在当今新的发展时期，宁波人希望在此建造创意基

地，打造新的产业之舟，提升宁波产业。本案即以"创意产业之舟、甬江瞭望镜"为主要设计理念，将满足不同空间需求、大小不一的创意工坊单元立体组合，像集装箱般高低错落地集合在公共基座上，面江一侧的矩形方窗则最大化地瞭望甬江远方，其"瞭望镜"形态特征则隐喻在这里将探求无限的创意空间。组织好两个主要建筑界面——临江界面和滨江路城市界面。临江界面塑造亲水性特色，通过静池、跌水等人造水景多层次地强化甬江的呼应关系，并在建筑不同标高组织不同基面的滨江观景窗口，以甬江为媒介，形成双向的景观视廊，从宁波外滩以及甬江大桥方向亦能看到一个鲜明而富有标志性的建筑形态；建筑南侧的滨江路界面作为城市界面，设计大尺度的缓坡台阶，在其中间穿插跌水和立体绿化，吸引市民拾级而上，进入开敞、通透的二层开放空间，这里作为城市公共空间的一部分，人们可以参与丰富的创意交流活动。

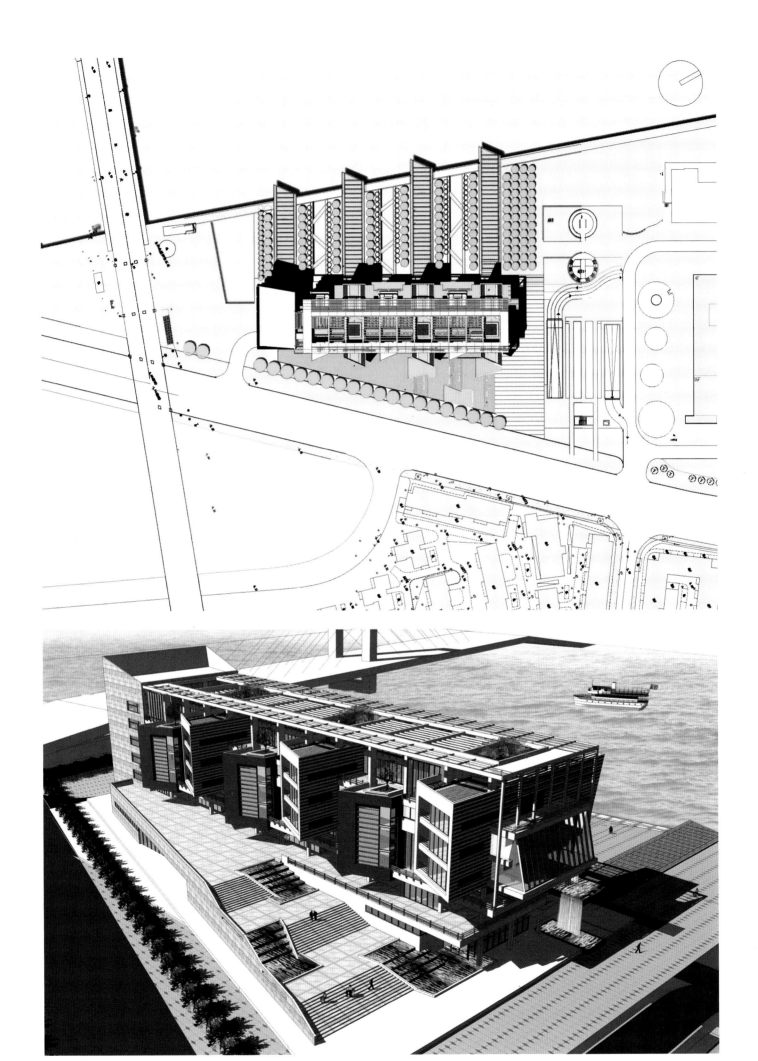

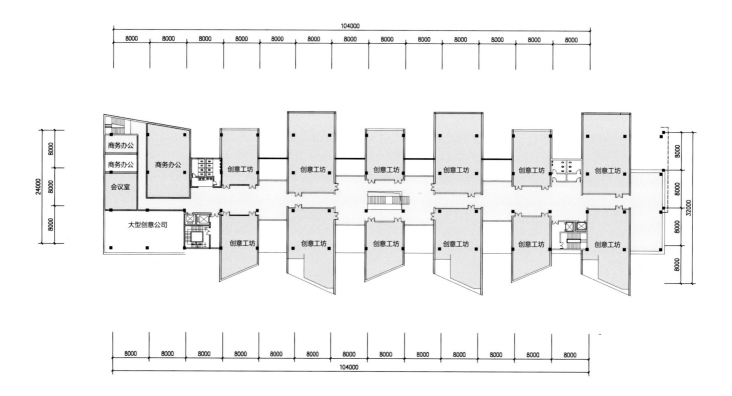

标准层平面图

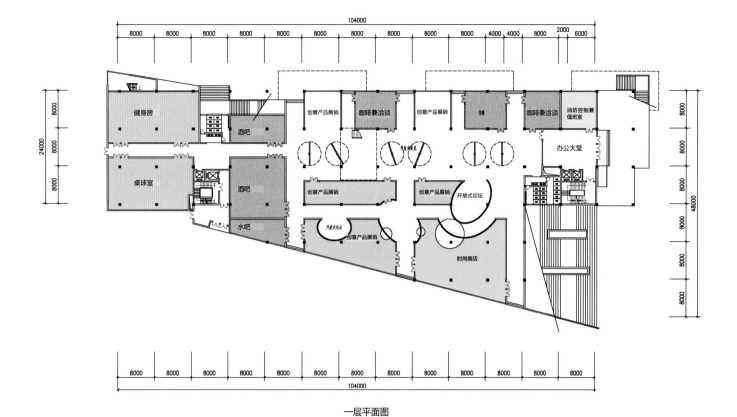

一层平面图

二层平面图

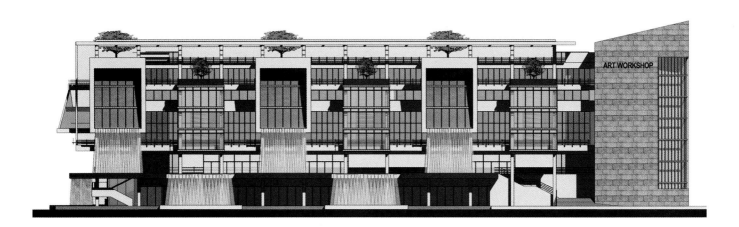

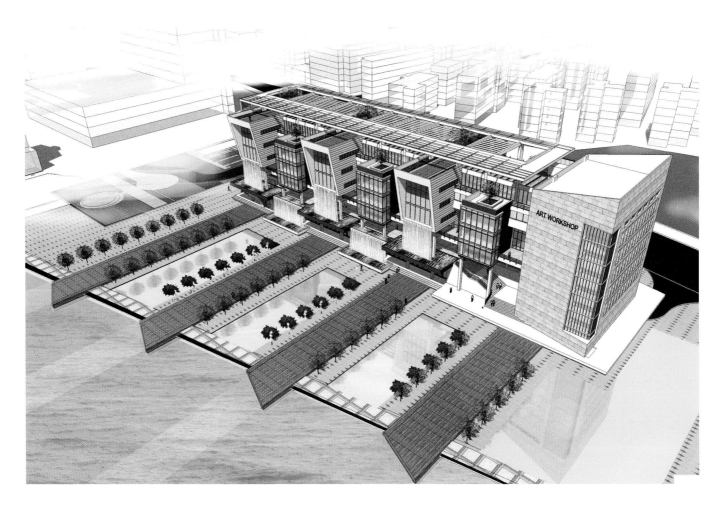

北京城建·世华龙樾

项目名称：北京城建·世华龙樾
开发单位：北京城建兴华地产有限公司
设计单位：北京易兰城乡规划工程设计有限公司

技术经济指标
用地面积：255107.422m²
总建筑面积：782052.22m²
报建地上面积：518637.45m²
报建地下面积：263415.38m²
绿地率：30.1%
户数：14697 户
停车位：4181 辆

世华龙樾采用新古典主义风格，整体打造新古典平层官邸的楼盘形象，一方面保留了古典主义建筑的比例、材质及色彩，同时又摒弃了过于复杂的肌理和装饰，简化了线条，并与现代的材质相结合，呈现出古典而简约的新风貌。

产品类型以低层和多层公寓为主，同时又具有别墅功能品质。平层官邸建筑借鉴欧洲文艺复兴时期建筑精髓，遵循帕拉蒂奥新古典主义风格，是一种严格按照欧洲新古典主义建筑近千年的规律范式建造的官邸式建筑群。

设计手法

立面设计采用欧洲古典建筑纵三段的立面构图，强调对称，营造一种古典秩序感。借鉴古典建筑装饰元素，以现代的手法加以提取和升华，古典对称和现代简约完美结合，给建筑注入高贵，典雅，内敛的人文居所形象。通过厚重华丽的石材、金属等材料语言，营造出一种具有古典贵族官邸气质的作品，外立面厚重的材质象征着建筑独有的深厚积淀，寓意传世之作，与龙樾暗合。在整体形态上通过对立面形体的重新整合组织，力求避免机械呆板，使得单元组合后如同一栋独立大宅，打造具有世华龙樾品牌特色的稀世美宅、创造出高品质的人居建筑典范。

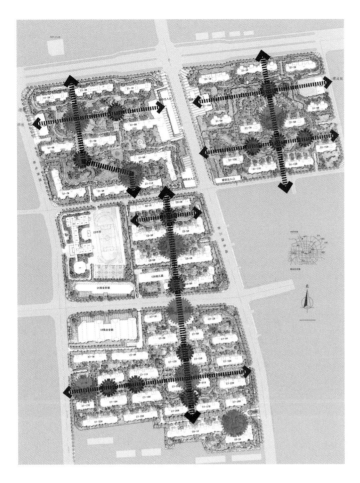

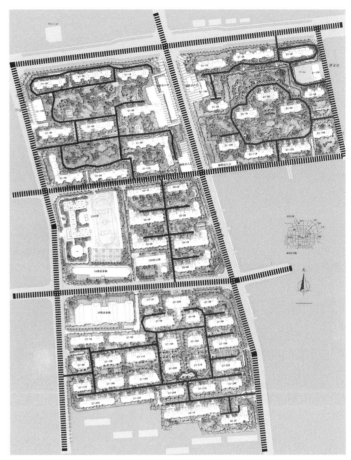

总体规划充分挖掘北京特有中正大气的礼仪文化，以一条从南至北贯穿 C1-C8 地块的礼仪轴作为整个规划的龙脉，串联起各地块重要的景观节点和标志性建筑如中央豪宅，高端会所和售楼处等。通过龙脉的起承转合使各地块形成有机整体，凸显世华龙樾大气尊贵高端大盘形象。

同时地块边界结合主要道路的景观处理形成标志性的景观边界，更好地烘托楼盘高贵典雅的大盘形象。交通设计上采用人车分流的道路系统，地块内部着力打造景观宜人、安全舒适的全步行系统，停车指标按高标准配置，豪宅停车指标达到 1:2，其他户型均能满足 1:1 的配置比例，符合项目高端定位。同时本项目商业、教育配套设施完善，功能复合，成为打造项目高端大盘的重要保障。

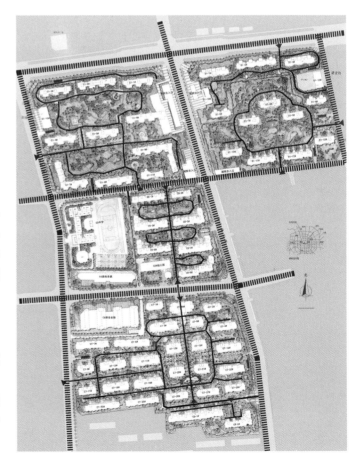

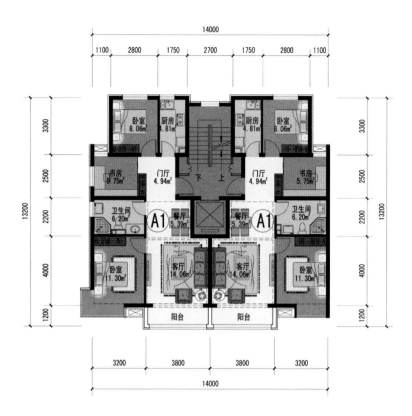

A 单元标准层平面图

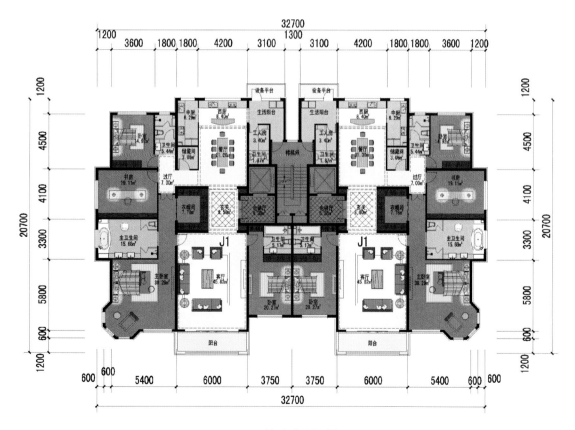

J 单元标准层平面图

C1-1、3# 楼标准层平面图

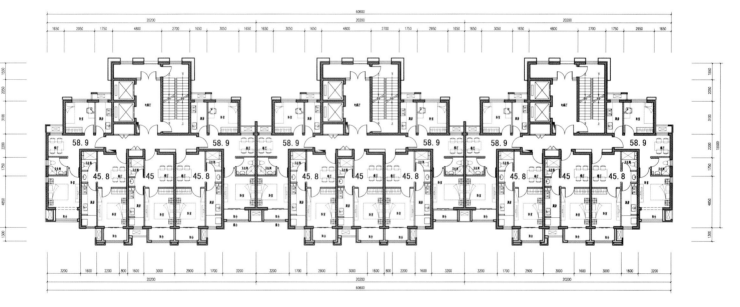

D1-1、3# 楼标准层平面图

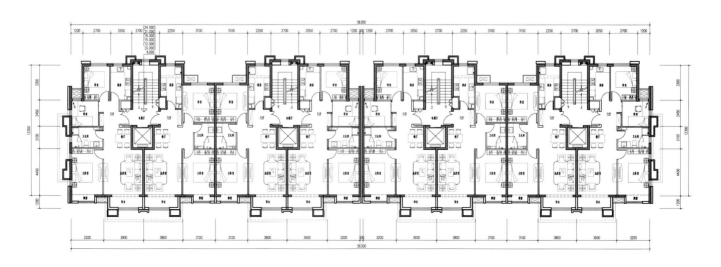

D1-11#、12# 楼标准层平面图

5# 楼标准层平面图

3、19# 楼标准层平面图

6# 楼标准层平面图

10、18# 楼标准层平面图

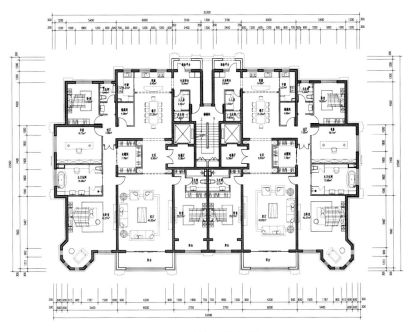

12、15、20、21# 楼标准层平面图

淮安高教园区科技园

项目名称：昆山花桥金融园
开发单位：北京城建兴华地产有限公司
设计单位：北京易兰城乡规划工程设计有限公司

技术经济指标
用地面积：103994m²
总建筑面积：150050m²
报建地上面积：127050m²
报建地下面积：23000m²
建筑密度：16%
容积率：1.26
绿地率：41.7%
停车位：690 辆

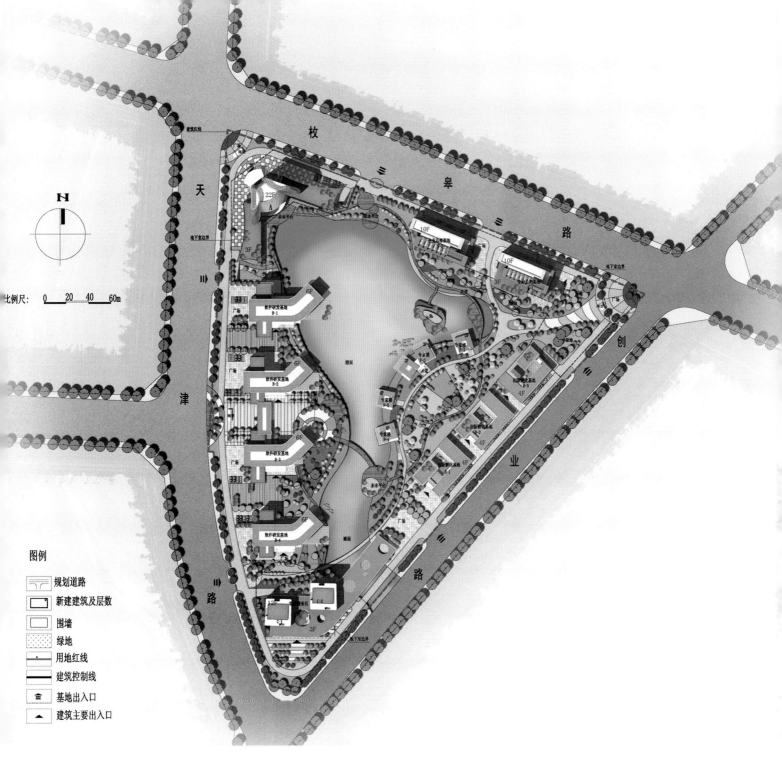

图例

⊤ 规划道路
▭ 新建建筑及层数
▭ 围墙
▦ 绿地
· 用地红线
━ 建筑控制线
⬗ 基地出入口
▲ 建筑主要出入口

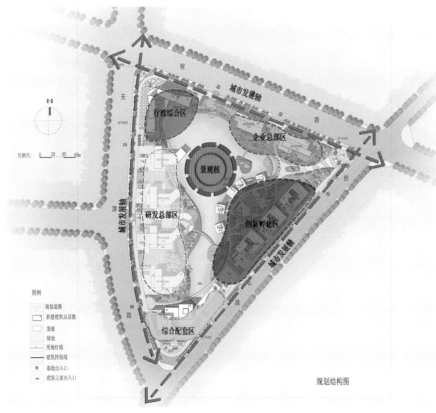

规划结构图

利辛老城西北部地区（凤凰城）

项目名称：利辛老城西北部地区（凤凰城）
开发单位：安徽省利辛县人民政府
设计单位：合肥华祥规划建筑设计有限公司、北京汉通建筑规划设计顾问有限公司

技术经济指标
用地面积：382.24公顷
居住用地面积：181.53公顷
公共服务设施用地面积：23.56公顷
工业用地面积：12.10公顷
道路广场用地面积：76.24公顷
市政公用设施用地面积：3.31公顷
绿地面积：55.87公顷
混合用地面积：28.66公顷

规划结构

整体规划结构清晰，"一核三轴两带，多心六区"的规划结构体系，构筑出东部地区有机融合的整体。形成红丝沟单元功能景观主轴、永兴路单元功能景观次轴和文州大道城市发展轴三条轴线，打造空间与功能的重要联络线。

三轴

滨水特色商业休闲中心、单元商业中心、基础教育中心、城市商业中心、酒店服务中心、单元医疗中心，构建丰富多样、层次分明的公共中心。

多心

社区邻里中心凝聚而成的四大宜居社区及一个职教园区和工业园区，是社区的活力场所。

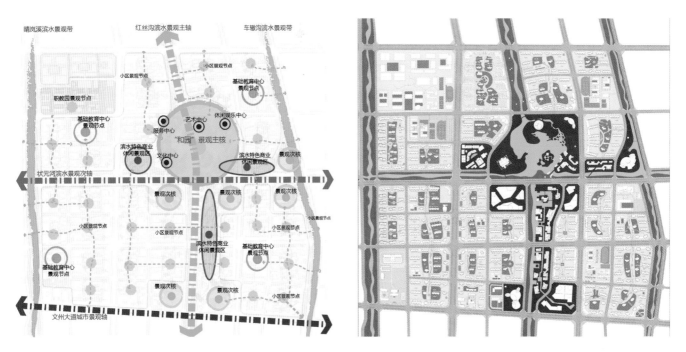

南京大报恩寺遗址公园

项目名称：南京大报恩寺遗址公园
设计单位：华东建筑设计研究院有限公司

技术经济指标
用地面积：16.6 公顷
总建筑面积：54400m²
建筑密度：26%
容积率：0.42
绿地率：62%

遗址核心区主要设计原则

严格保护原则：将遗址的保护放在第一位，制止自然或人为行为对遗址的破坏。

可识别性原则：保护遗址的历史真实性和历史价值。第一，展示的历史信息必须是可辨认的；第二，遗址的各种历史信息必须是真实的，要把遗址的展示置于遗址的历史空间中，不仅重视对本体的保护与展示，还要强调对遗址环境和历史格局的保护与展示。

可逆可还原性原则：强调保护工作对遗址的全面尊重。它要求在保护区内的任何维修、加固和新建措施都是可拆除的，并且拆除后对遗址无任何破坏，对潜在遗址的保护、发掘和研究无任何影响。

适当开发原则：在开发和保护中采取适合的商业性运作，可使得遗址在不损伤自身的前提下获得大量用于维护的资金。将城市品牌营造和遗址公园开发结合，与历史文脉的延续相辅相成，对城市历史文脉延续做出贡献。

重现文化原则：遗址公园不同于对城市历史遗产的其他开发形式，必须融入人的活动及其产生的文化。一些传统活动的保护，能够立体地再现这一区域特殊的历史文化。可以说，对特色活动的深入挖掘，有时远比对遗址本身开发更具价值；对原有文化的再现，也会赋予公园全新的生机和活力。因此，有利于扩充遗址公园历史价值和文化内涵的事件与活动，是规划阶段应着重考虑的。

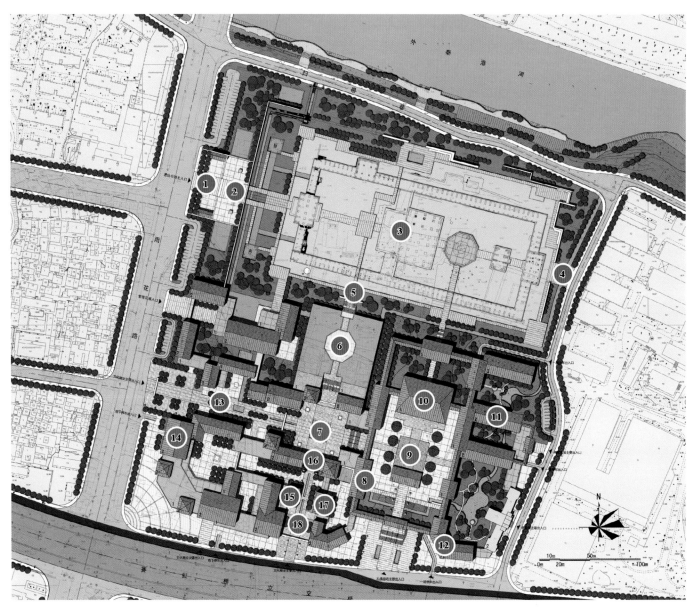

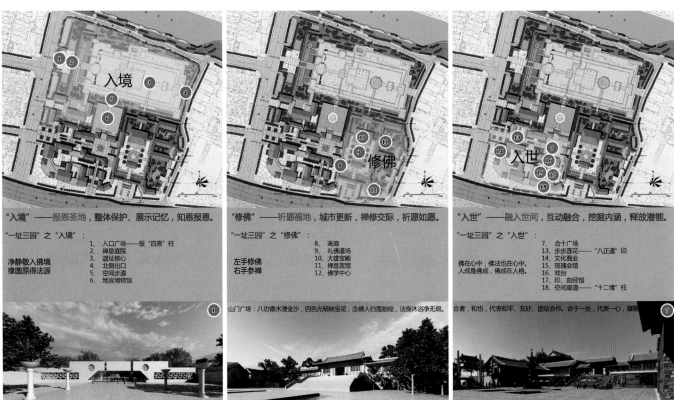

"入境"——报恩圣地，整体保护、展示记忆，知恩报恩。

"一址三园"之"入境"：

净静敬入佛境
缘圆原得法源

1、入口广场——报"四恩"柱
2、禅意庭院
3、遗址核心
4、北侧出口
5、空间步道
6、地宫博物馆

"修佛"——祈愿福地，城市更新，禅修交际，祈愿如愿。

"一址三园"之"修佛"：

左手修佛
右手参禅

8、画廊
9、礼佛道场
10、大雄宝殿
11、禅意宾馆
12、佛学中心

山门广场：八功德水浸金沙，四色光明映宝花，念佛人归莲始绽，法身沐浴净无瑕。

"入世"——融入世间，互动融合，挖掘内涵，释放潜能。

"一址三园"之"入世"：

佛在心中，佛法也在心中。
人成是佛成，佛成在人格。

7、合十广场
13、步步莲花——"八正道"印
14、文化商业
15、琉璃会馆
16、戏台
17、印、刻经馆
18、空间廊道——"十二缘"柱

合者，和也，代表和平、友好、团结合作。合于一处，代表一心，凝聚

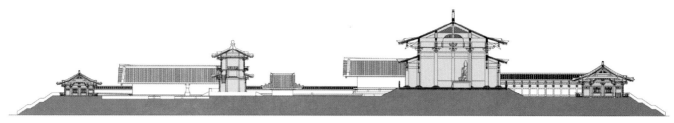

礼佛道场纵剖面示意图

大殿正立面图　　　　　大殿侧立面图　　　　　大殿背立面图

金地公园上城

项目名称：金地公园上城
开发单位：北京城建兴华地产有限公司
设计单位：上海日清建筑设计有限公司

技术经济指标
用地面积：108274m²
总建筑面积：108274m²
建筑密度：26%
容积率：0.62
绿地率：64%
总户数：422 户
停车位：677 辆

广州金地公园上城项目规划用地位于广州增城市永和镇余家庄水库周边地区，总面积 325.38 公顷。周边有广州经济技术开发区和新塘工业区。新新公路于地块旁边穿过，沿新新公路向南可以到达广惠高速、广园高速、广深高速公路、广深公路及广深铁路线，约 10 多分钟车程，向北可以直达广汕公路。

古人云："仁者乐山，智者乐水。"游山玩水，享受悠然舒适的美好生活一直是人类所追求的理想。本规划着眼于用地内极其难得的自然生态化的环境，把自然融入生活，在生活中保持绿色生

态，营造出湖光山色、青山碧水的美景，打造宛若世外桃源的动人生态社区。保护原生态环境和生物的多样性，开发过程中积极利用和修复自然资源，维持一个连续的开放的空间生态系统，保留湾区岸线，创造丰富的水岸生活。

本规划设计在环境设计中注重人文关怀，突出公共空间的可参与性，提供充足的、有亲和力的空间。以多样的休闲活动场所，层次丰富的自然景观，为生活增添多样的小镇风情。"以人为本，以人为先"的设计主旨在本规划方案当中得到了最充分的体现。

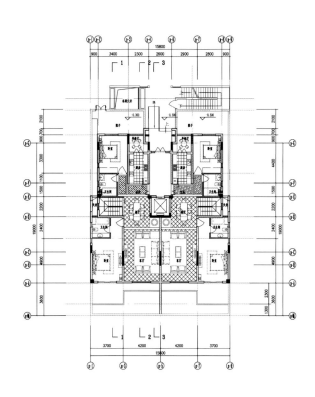

洋房1层平面图

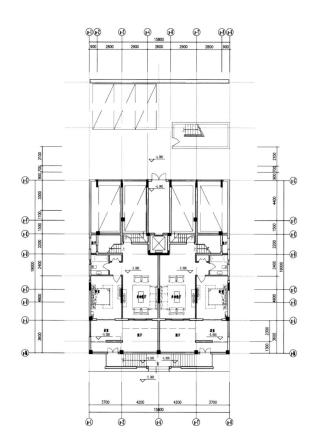

洋房地下层平面图

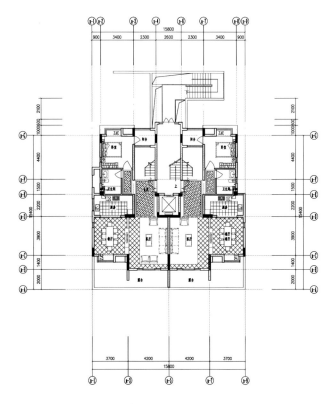

洋房2层平面图

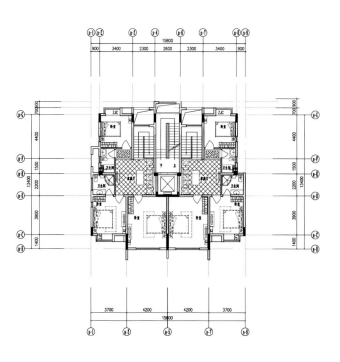

洋房3层平面图

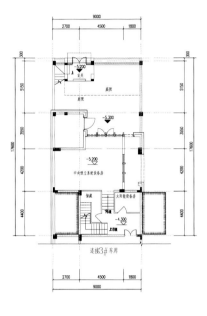

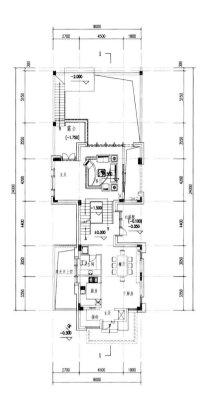

独栋首层平面图   独栋地下一层平面图

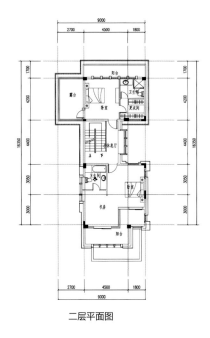

二层平面图

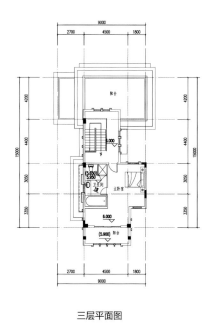

三层平面图

正立面图

背立面图

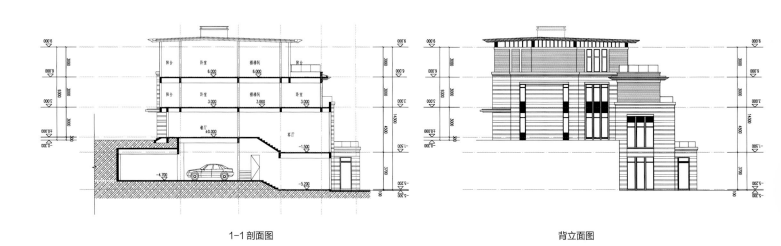

1-1 剖面图

背立面图

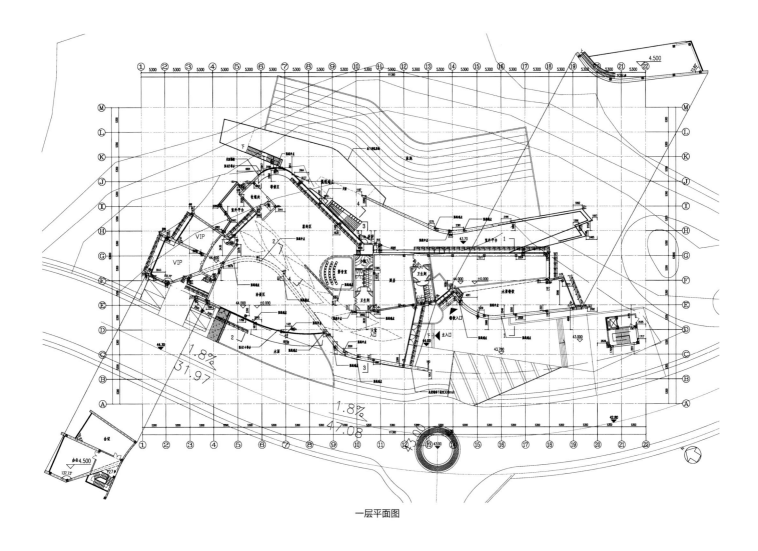

一层平面图

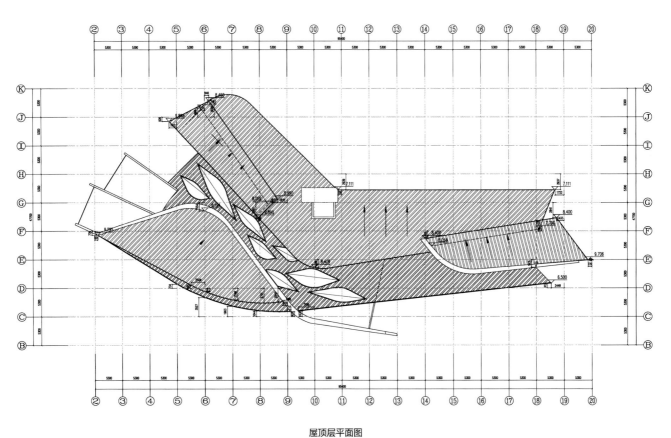

屋顶层平面图

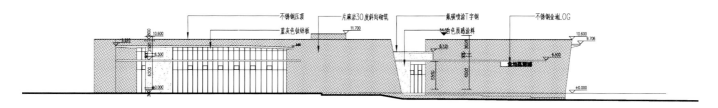

不锈钢压顶　　　　片麻岩30度斜向砌筑　　　氟碳喷涂T字钢　　　　不锈钢金属LOG
蓝灰色钛锌板　　　　　　　　　　　　　　　白色质感涂料

A 立面图

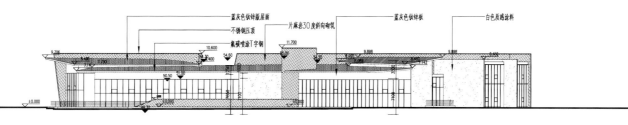

蓝灰色钛锌板屋面　　　　　　　　蓝灰色钛锌板　　　　白色质感涂料
不锈钢压顶　　　片麻岩30度斜向砌筑
氟碳喷涂T字钢

B 立面图

湖州长兴景瑞望府

项目名称：湖州长兴景瑞望府
设计单位：上海日清建筑设计有限公司

技术经济指标
用地面积：101223.13m²
总建筑面积：50218m²
建筑密度：35%
容积率：0.60
绿地率：30%
总户数：422 户
停车位：192 辆

区位分析

该地块西临自然山体景观，南有睦塘公园人文环境，西侧长水公路、南侧龙山大道、东侧画溪大道都是景观环境十分成熟的城市干道，周边云海山庄与龙山雅苑均为成熟社区，如何在这一优质市政环境与成熟社区环境的条件下，营造适合于该地块新的社区环境呢？

设计出发点

我们本着建筑服务于城市界面这一建筑的社会属性作为我们设计的基本出发点，规划设计充分尊重自然尊重用地环境，户型设计努力打造一个宜居的居住空间，立面造型则充分发挥建筑丰富城市界面这一社会属性，为丰富长兴城市环境做出自己应有的贡献。

设计愿景

愿我们对自然、城市、人文的尊重，通过我们的创新型设计能够为长兴打造一个形象型住宅社区，实现政府与开发商的双赢……

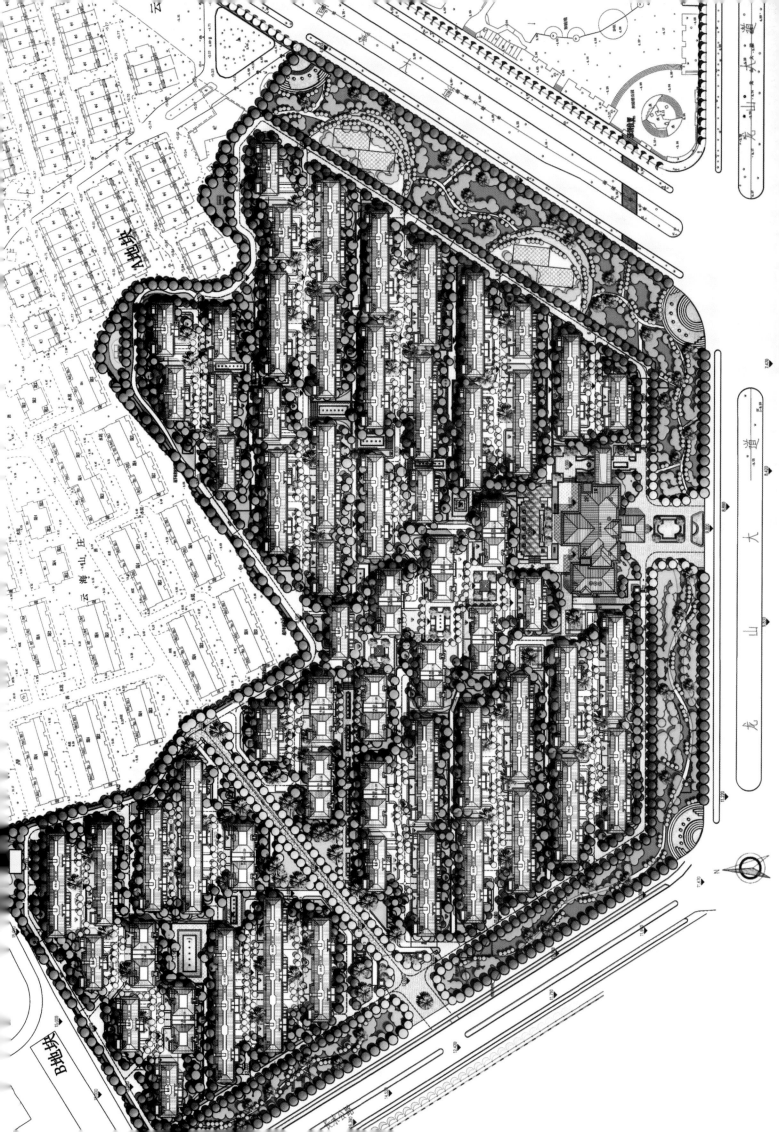

产品分布图

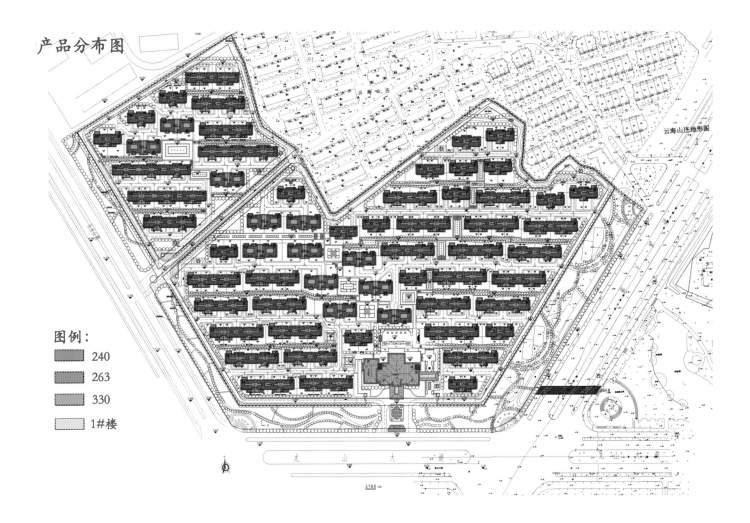

图例：

- 240
- 263
- 330
- 1#楼

●绿化分析图

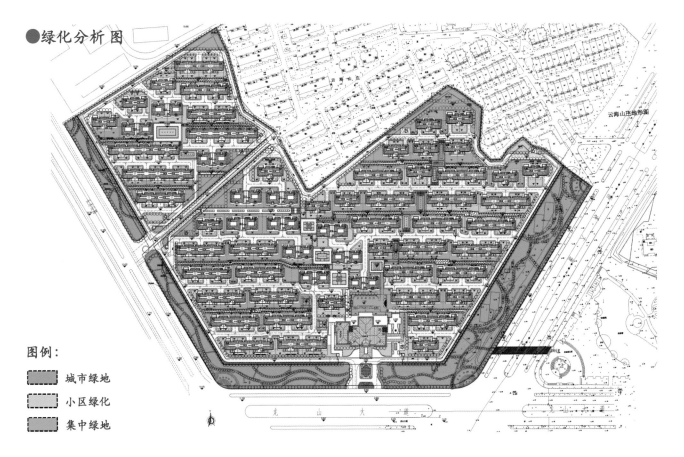

图例：

- 城市绿地
- 小区绿化
- 集中绿地

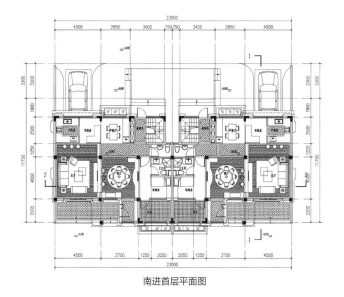

南进首层平面图

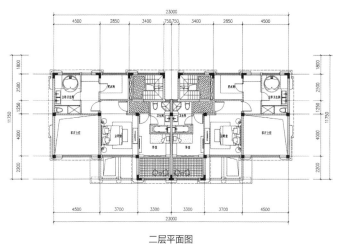

二层平面图

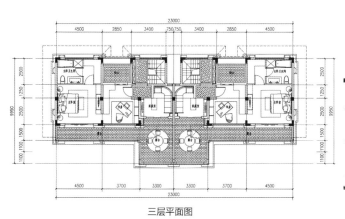

三层平面图

南立面图

南入户 - 北立面

南入户 - 南立面

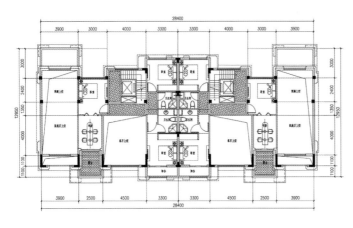

二层平面图

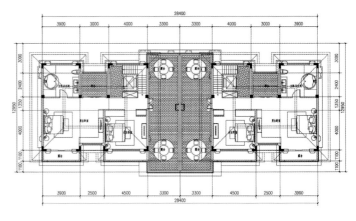

三层平面图

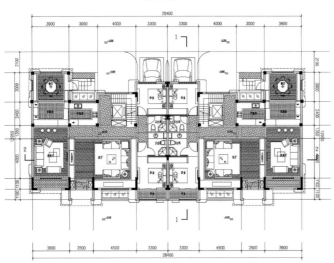

南进首层平面图

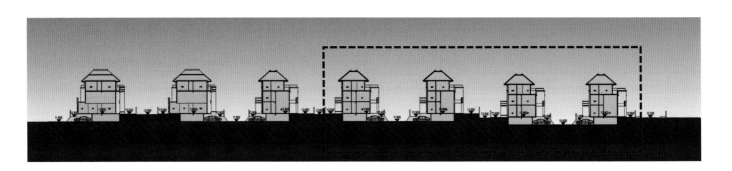

南京岱山保障房

项目名称：南京岱山保障房
设计单位：南京长江都市建筑设计股份有限公司

技术经济指标

用地面积：1250000m^2
总建筑面积：3170300m^2
建筑密度：19.42%
容积率：2.13
绿地率：35%
总户数：34043 户
停车位：13764 辆

岱山保障房项目位于南京主城西南方向。距城市中心新街口直线距离 14 千米，距奥南新城和板桥新城各约 5 千米。作为 2009 年南京市政府重点建设的"四大"保障房片区中体量最大的项目，规划总用地面积约 3 平方千米，地上总建筑面积约 294 万平方米，包括公租房、廉租房、产权调换房等各类保障性住房 194 万平方米，普通商品房 54 万平方米公建配套 46 万平方米。建成后入住人口将达到 10 万人。

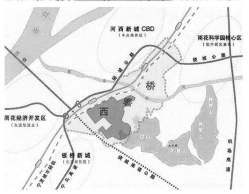

基地概况

项目北临宁芜公路和绕城公路，东侧为规划中的岱山东路，西侧为岱山西路，南侧为岱山南路。规划中南京地铁 7 号、8 号线在基地北侧设有站点，岱山由东南往西北环绕基地，再往外有韩府山、将军山、牛首山等环抱。秦淮河横穿过境，青山隐隐，绿水幽幽，环境优雅，生态宜人。

借山引水，岱山资源最大限度共享

1. 地块南侧为岱山，环抱于基地周围，尺度宜人，风水极佳。设计以此为出发点，将山景引入社区，以山为背景，建筑由远及近高度依次增加，使山景最大视线引入社区。

2. 强化岱山中路与到岱山的景观关系，将岱山南路与岱山中路节点作为整个社区的公共活动中心，设置大兴市民广场，景观水面，露天影院等。

3. 将岱山南路打造成为居民生活休闲绿带，留出较宽的绿化带，并在绿化外设置生活服务类设施。

4. 以岱山为视觉背景，由绕城公路及河西视线方向统一考虑天际线，到达山、城合一的效果。

住宅平面设计特点

1. 明厨、明厕、明厅。

2. 设备齐全，不因面积的限制而忽视家庭生活设施的位置。

3. 动静、公私、干湿分离合理明确。

4. 空间集约化设计，如将小户型中餐厅和客厅的合并。

5. 设计的精细化，对于家具的位置，电气设施的定位，以及贮藏空间给予必要的考虑。

6. 核心筒的设计简洁紧凑，有效地减少了公摊面积，提高了住宅的得房率。

7. 北外廊，北向采光井的设置解决了住宅的自然通风采光问题，在外廊一侧布置了花池，增加了公共空间的绿化。

9. 取消南侧的凹槽，建筑体形系属更小，更加节能。

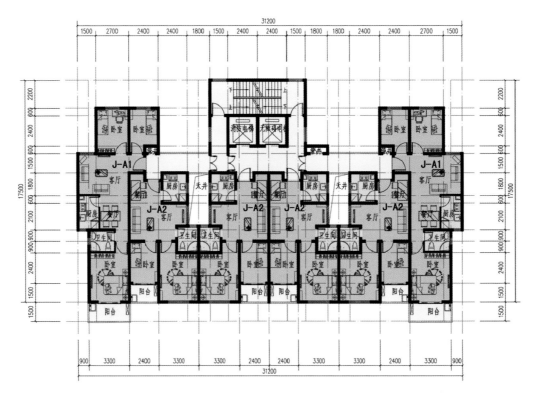

J-A型标准层平面图

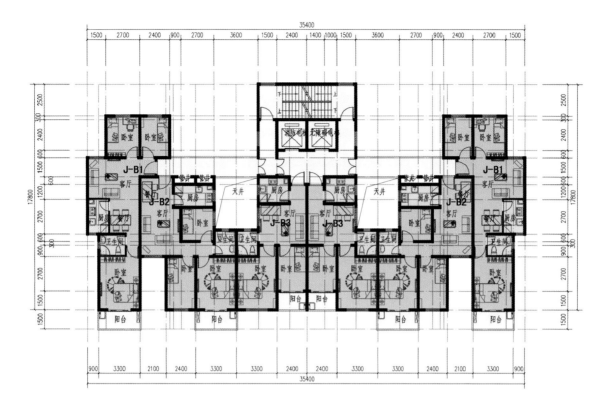

J-B 型标准层平面图

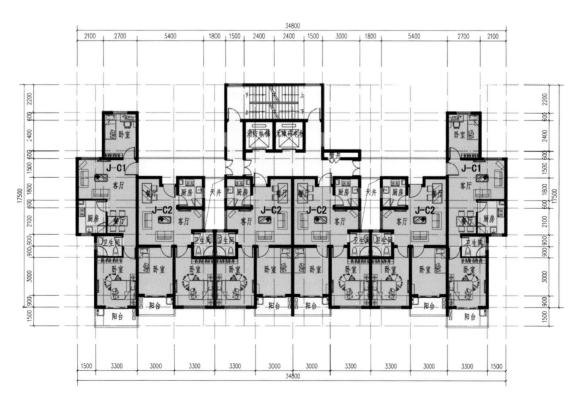

J-C 型标准层平面图

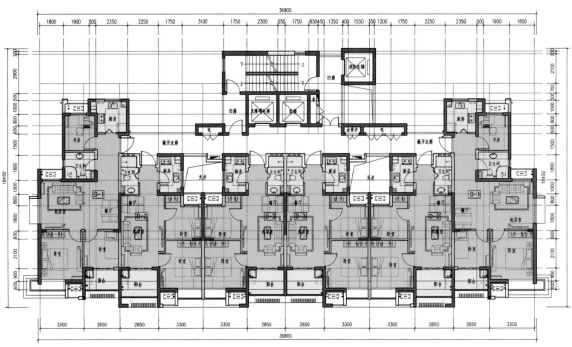

D 型标准层平面图

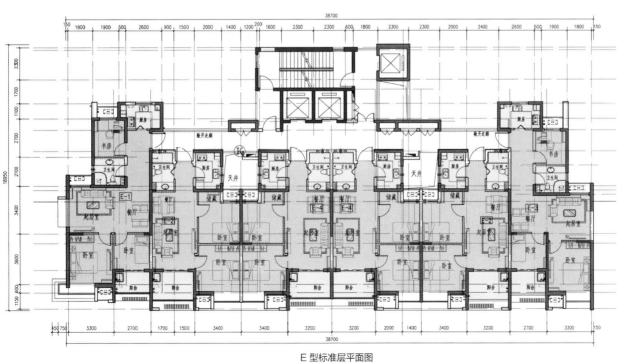

E 型标准层平面图

本溪千金棚户区改造一期

项目名称：本溪千金棚户区改造一期
开发单位：株洲瑞祥房地产开发有限公司
设计单位：清华大学建筑设计研究院有限公司

技术经济指标
用地面积：76.21公顷
总建筑面积：1596297m²
建筑密度：30.9%
容积率：1.90
绿地率：35.7%
总户数：7774 户
停车位：4100 辆

规划设计突出"以人为核心"的原则，注意处理好自然环境——住宅建设——人的关系，把居民对居住环境、居住类型和物业管理三方面的需求作为规划设计重点，努力把小区规划成具有优美的居住环境、完善的配套服务设施、丰富的历史文化内涵的21世纪新型居住小区。

充分利用所具有的自然条件、区位条件与交通条件，抓住本溪市经济发展的良好契机，迎接新的机遇，坚持高起点、高标准、高水平的要求，将千金小区建设成为环境优美、具有极大吸引力与品牌效应的现代化居住小区，成为名副其实的展示本溪新形象的窗口。

随着科技的发展和生存环境的改善，人文主义的设计主题重新兴起，使得建筑环境的营造方式产生了极大的改变。本案力求在合理安排各类建筑的同时，使小区布局与人的关系体现出韵律感，在有序中求变化，体现秩序之美。本案规划设计，融合自然山水的意境及几何构图手法。主要围绕"凤凰"与"山水"的主题展开。将建筑空间、道路空间、步行空间和水体空间融合在一起，创造出多样性、连续性的空间体系，形成"环山、流水、绿网、城市、家园"五个核心要素理念。

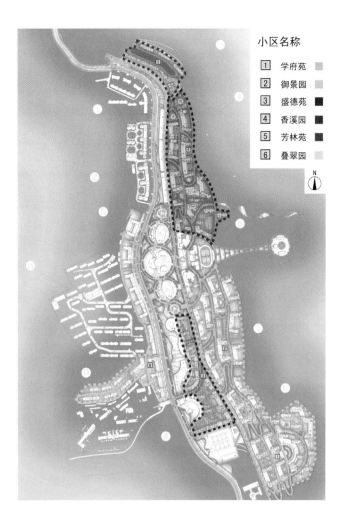

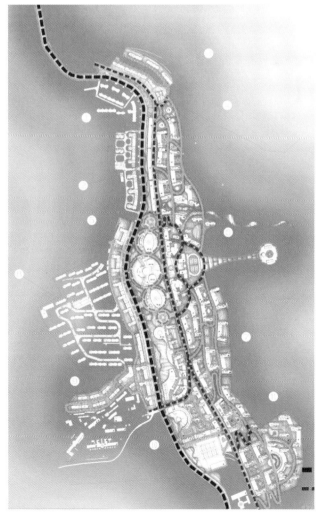

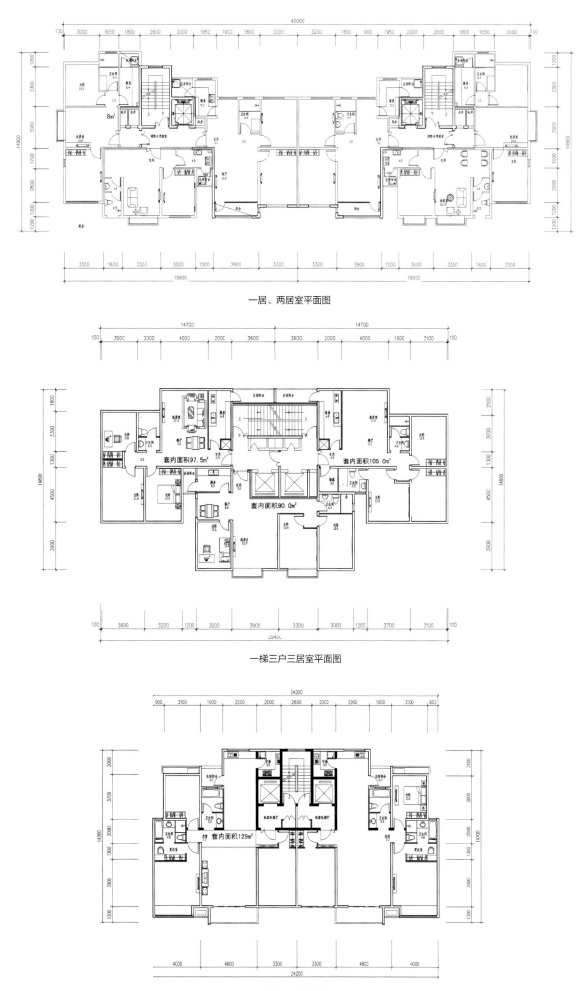

一居、两居室平面图

一梯三户三居室平面图

一梯两户三居室平面图

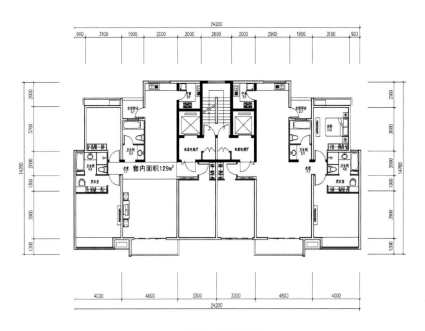

一梯两户三居室平面图

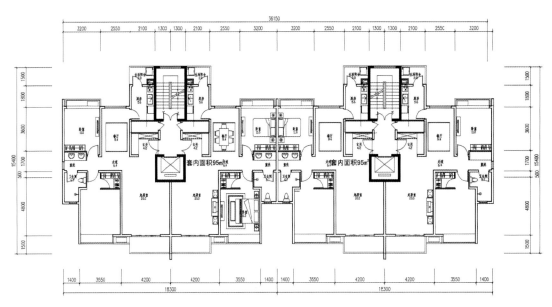

一梯两户两居室平面图

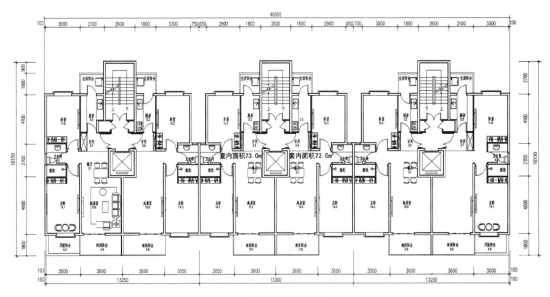

一梯两户两居室平面图

武昌工人文化宫

项目名称：武昌工人文化宫
开发单位：武汉市总工会武昌工人文化宫
设计单位：上海泛巢建筑设计事务所

技术经济指标
用地面积：82828m^2
总建筑面积：12895m^2
建筑密度：30%
容积率：1.11
绿地率：40%
停车位：431 辆

围绕项目定位

城市的发展将更加以改善人居环境为中心，原有武昌工人文化宫已经越来越不能适应现阶段社会发展和文化需求，亟需进行现代化改造和升级。

新建的文化宫体现武汉"水"和"绿"两大要素并与城市空间的完美融合，塑造地域文化特色。引导城市环境资源的最优配置，打造具有滨江滨湖特色的现代宜居都市环境。

一层平面图

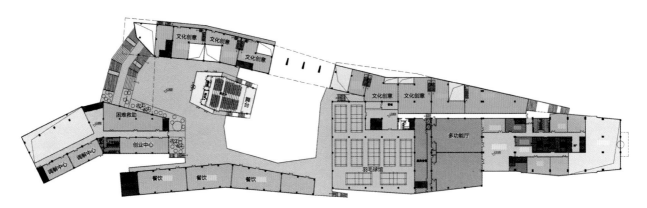

二层平面图

开发思路

首先，武汉（武昌）工人文化宫地处"两江四岸"的江南核心区片，作为城市的重要公共建筑，必将承担着塑造武汉沿江城市形象，打造滨江景观特色的角色；

第二，基地恰位于城市垂江生态低密度廊道要冲，在座拥长江、沙湖景观资源的同时，也需考虑如何使建筑群在这一生态廊道中起到的更为积极的作用；

第三，基地周边为旧城更新区，多宗高档楼盘已纷纷建成，人居环境亟待改善，工人文化宫应成为区域的公共客厅。

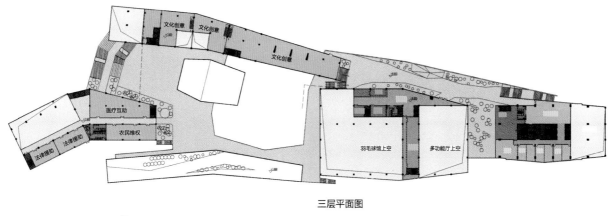

三层平面图

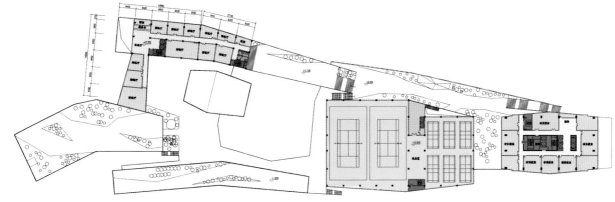

四层平面图

建筑特色

作为大型文化建筑综合体，武汉文化宫必然具有独特的文化述求。整体建筑在满足广大工人群众的基本社会需求之外，更应该注重其与历史文脉的对话，对时代新风的展现。江城武汉作为最早拥有工会的城市，一直是工人群众的大本营。如何在设计中体现江城武汉与工人文化的深刻关联一直是我们积极探讨的问题。通过对武汉地域文化的分析与认知，"百舸争流"这一主题清晰地展现在我们的面前—正是横跨东西部的长江孕育了江城，赋予了其独特的个性。

鄂尔多斯画院

项目名称：鄂尔多斯画院
设计单位：中国建筑设计研究院

技术经济指标
用地面积：24385m²
总建筑面积：28076m²
停车位：2846 辆

项目依据基地周边景观特点，"天"、"水"是可引入的景观资源，基地对面的城市在现阶段还处于发展阶段，未来将成为东胜区的 CBD 核心区域。

项目所处地带的特殊性注定了建筑的存在必将徘徊在人工城市和自然风貌之间，建筑将以何种姿态面对城市的同时又纳入自然？建筑势必具备双向表情：树立城市形象的同时达成与自然山水的对话。

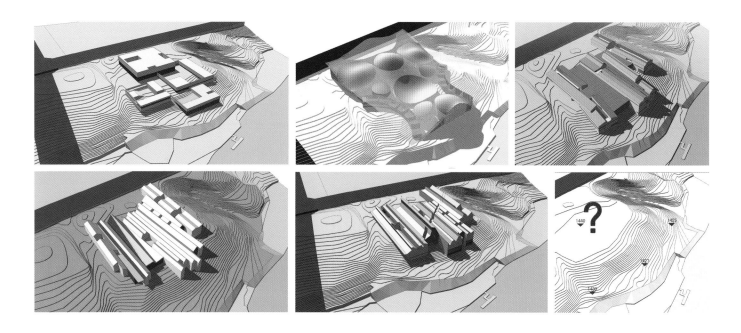

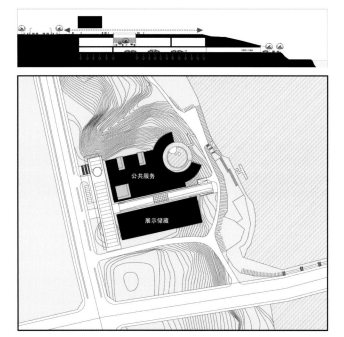

消隐

结合近 10 米天然地形高差将建筑沉下去，适度的藏起来，显山露水，还艺术与自然，近干平米的展厅、宴会厅、报告厅等大尺度集中功能空间均被翻转至地坪之下。通过人工沟壑、下沉庭院等几何负空间划分功能组团、组织人流集散和采光通风，地坪智商彻底释放为游走路径串联而成的室外展示艺术公园，将进出场地的步行交通和机动车、货运交通分成两个高差解决。

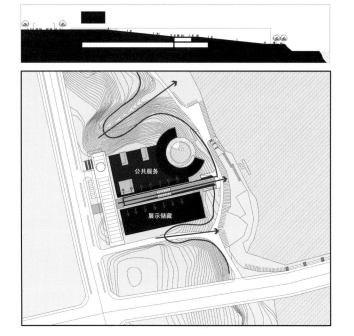

沟壑

沟壑在场地里成为一个提示。贯穿基地东西的笔直沟壑与两条自然沟壑一起将展示储藏和公共服务两组建筑功能体紧密的锚固定在场地内。同时，它们将城市与自然景观在路径与视线上紧密拉接。

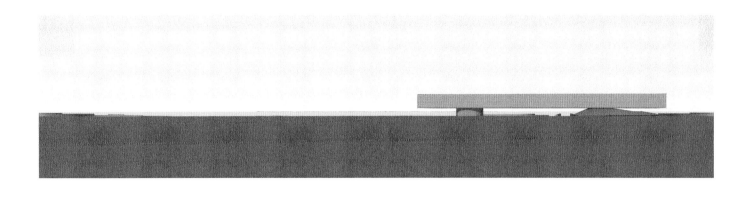

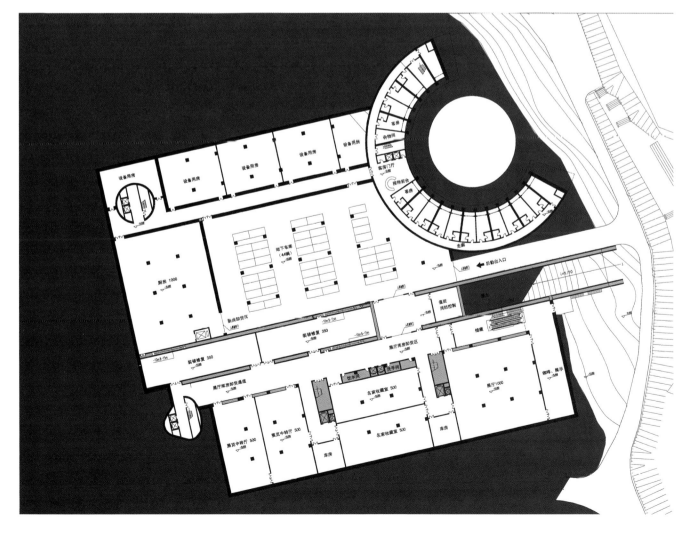

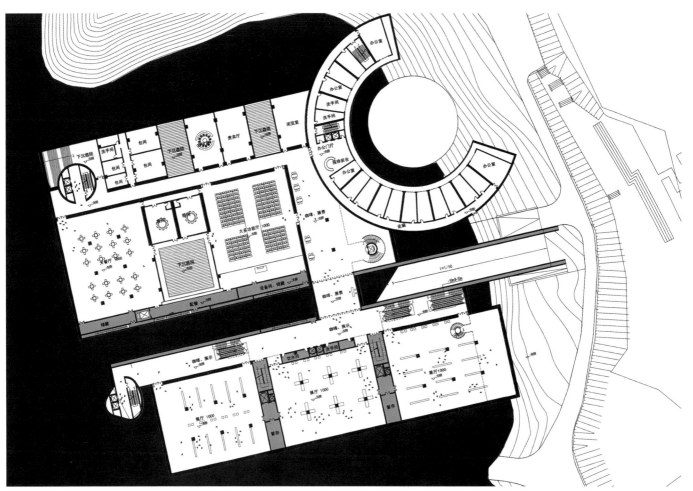

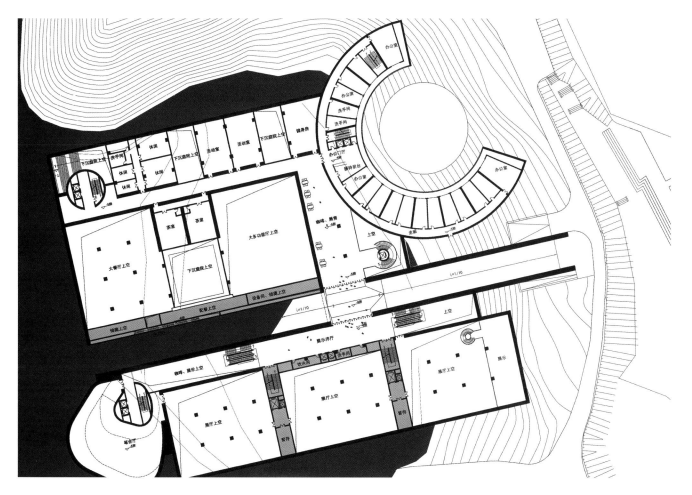

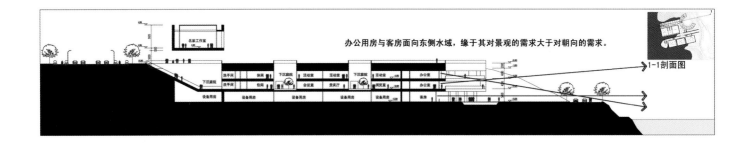

办公用房与客房面向东侧水域，缘于其对景观的需求大于对朝向的需求。

1-1剖面图

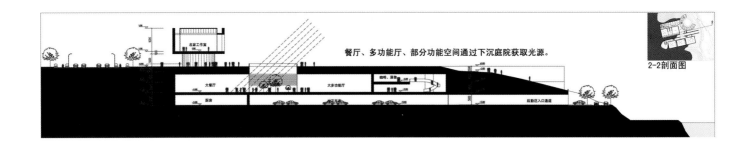

餐厅、多功能厅、部分功能空间通过下沉庭院获取光源。

2-2剖面图

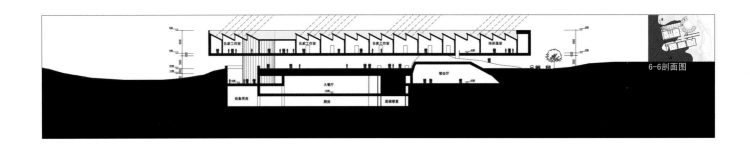

6-6剖面图

吴江中学

项目名称：吴江中学
设计单位：中国建筑设计研究院

技术经济指标
用地面积：173333m²
总建筑面积：78452.1m²
建筑密度：17.1%
容积率：0.453
绿化率：41%

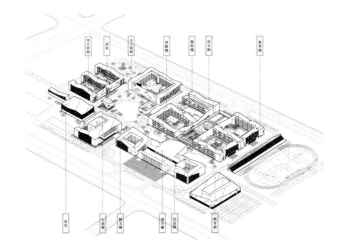

工程概况

吴江中学新校区位于江苏省吴江市。该工程总建筑面积约 7.9 万平方米，按功能分为教学楼、行政楼、实验楼、艺术楼、体育馆、图文信息中心、看台、宿舍、食堂等。这些建筑均为坡屋顶多层建筑，无人防，无地下室。

教学楼地上 4 层，高 16.4 米。行政楼地上 4 层，高 16.4 米。实验楼地上 4 层，高 16.4 米。艺术楼地上 3 层，高 14.5 米。体育馆地上 2 层，高 20 米。图文信息中心地上 3 层，高 15.9 米。宿舍地上 4 层，高 16 米。食堂地上 3 层，高 16 米。看台地上 2 层，高 9 米。

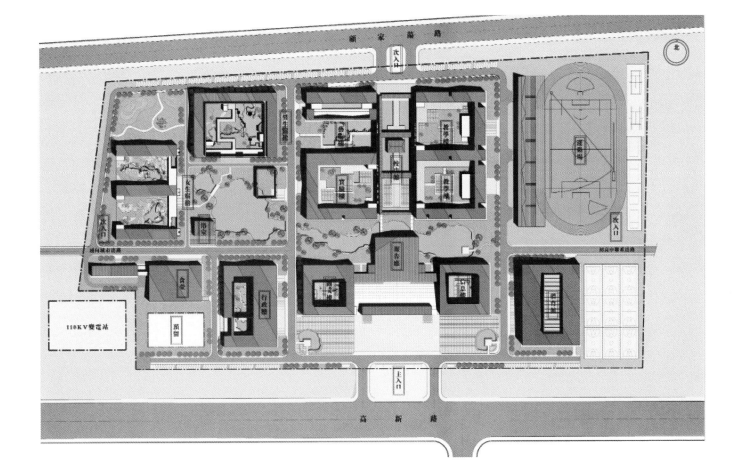

千人讲堂

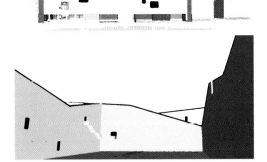

宿舍

教学楼

图书馆

实验楼

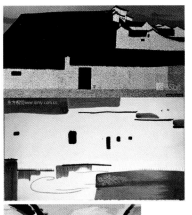

版画《故宅》

水墨《故乡》

油画《白墙与白云》

漆画《屋语》

速写《大宅》

主体布局

新校区的总体布局借鉴了岳麓书院之中轴对称、纵深多进的院落形式。通过一系列的空间组合与对比，营造出起承转合的空间序列，形成了"一轴、一带、三纵并行"的空间布局结构。

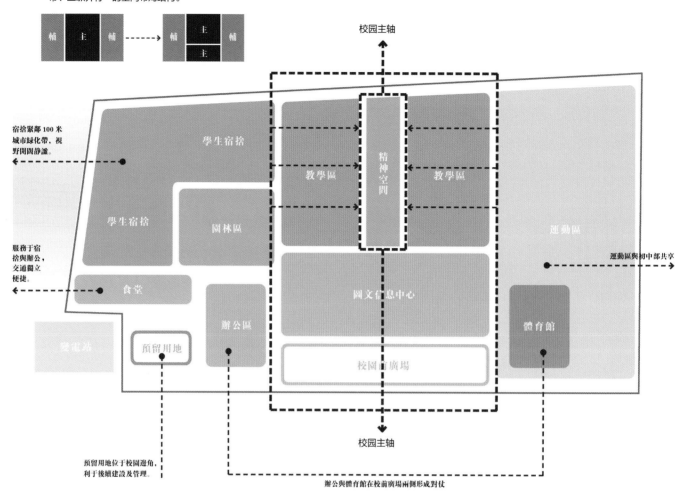

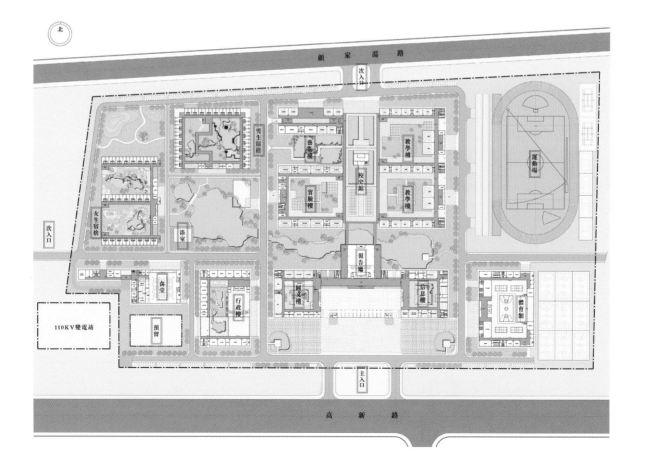

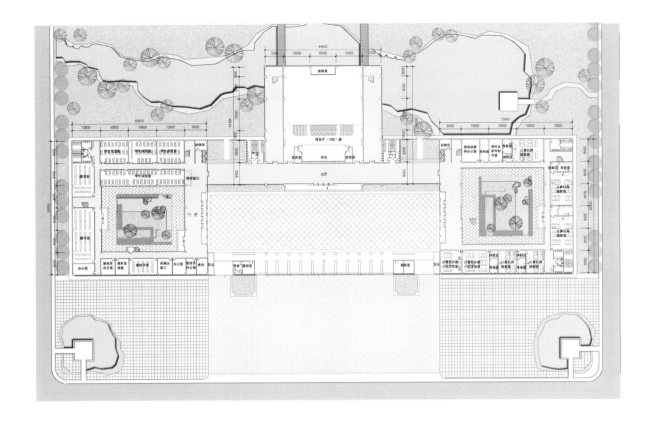

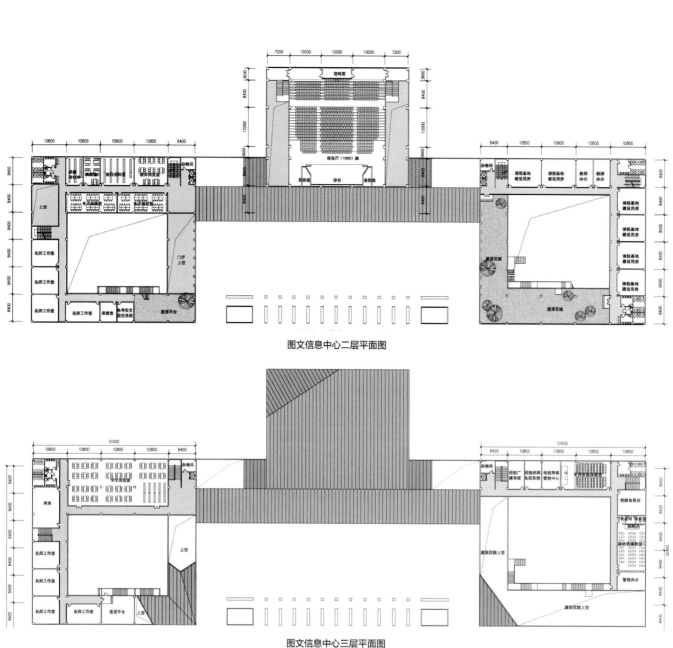

图文信息中心二层平面图

图文信息中心三层平面图

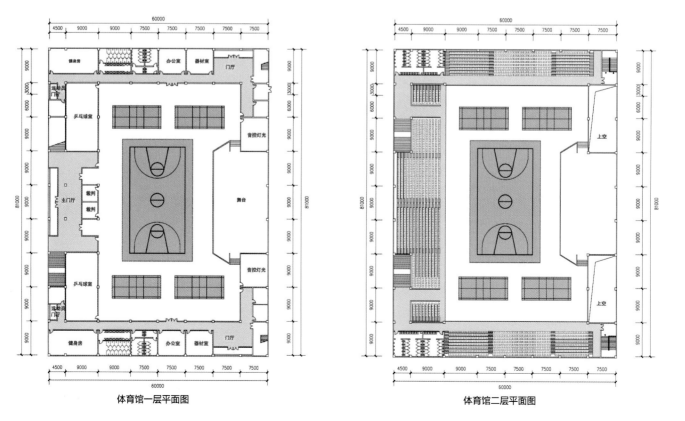

体育馆一层平面图

体育馆二层平面图

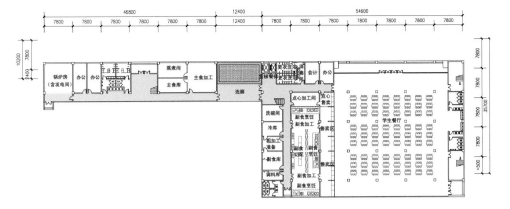

食堂一层平面图

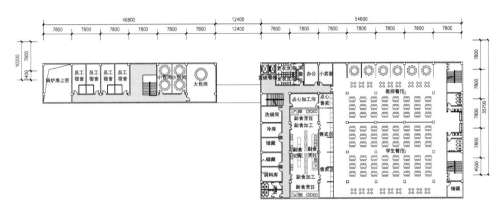

食堂二层平面图

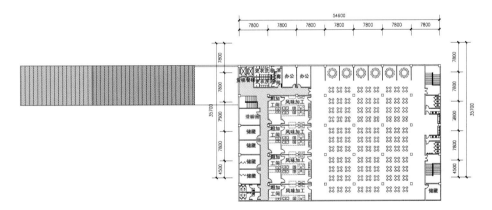

食堂三层平面图

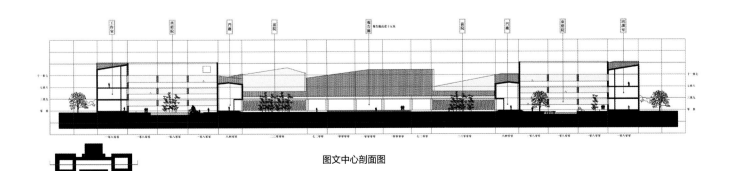

图文中心剖面图

伊金霍洛旗演艺中心

项目名称：伊金霍洛旗演艺中心
设计单位：中国建筑设计研究院

技术经济指标
用地面积：68080m²
总建筑面积：36276m²
建筑密度：30.98%
容积率：0.47
绿化率：12.27%
停车位：274辆

伊金霍洛旗的剧院文化设施现已不能满足人民物质文化生活日益增长的需要，故旗政府决定修建伊金霍洛旗影剧院。其主要功能为1200剧场，600人音乐厅和600人多功能厅及其相关附属设施。

建设内容

伊金霍洛旗影剧院可为国内、外国家级的表演团体提供功能齐全，有良好视听条件、技术先进、设备完善的现代化演出场所，在当地重要庆典、文化交流和丰富人民文化生活中发挥重要作用。

伊金霍洛旗影剧院是伊旗重要的文化工程，要庄重大气、点眼睛没、朴实和谐、具有鲜明的民族特点和创造精神。

伊金霍洛旗影剧院能够满足歌舞表演、音乐会、影视、排练和当地大型会议的需要。

伊金霍洛旗影剧院采取有效措施提高专业性剧场的使用率，通过影视、配套服务等方式开展经营活动，提高经营自给率，减少地方财政补贴。

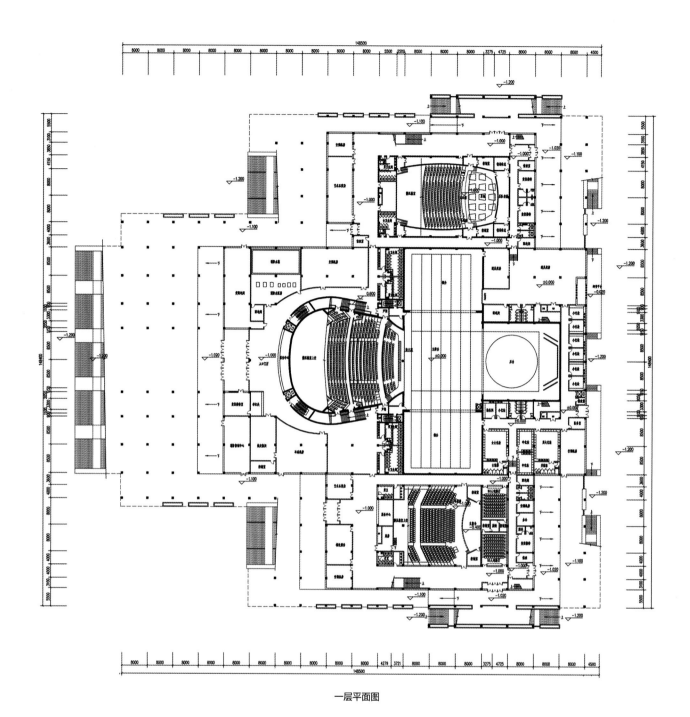

一层平面图

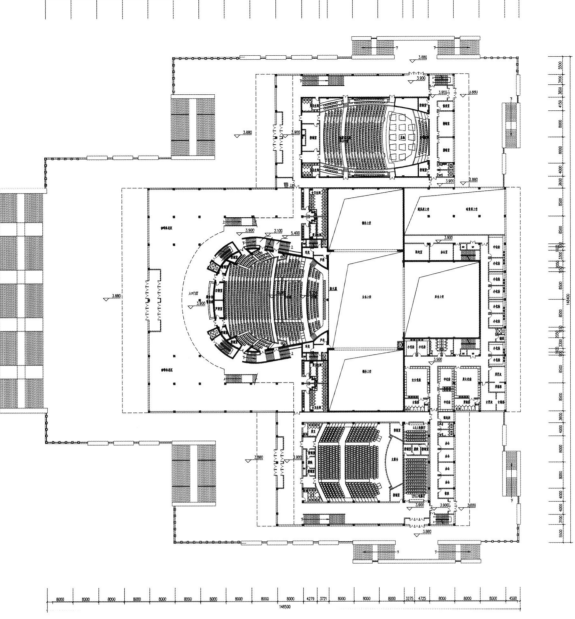

二层平面图

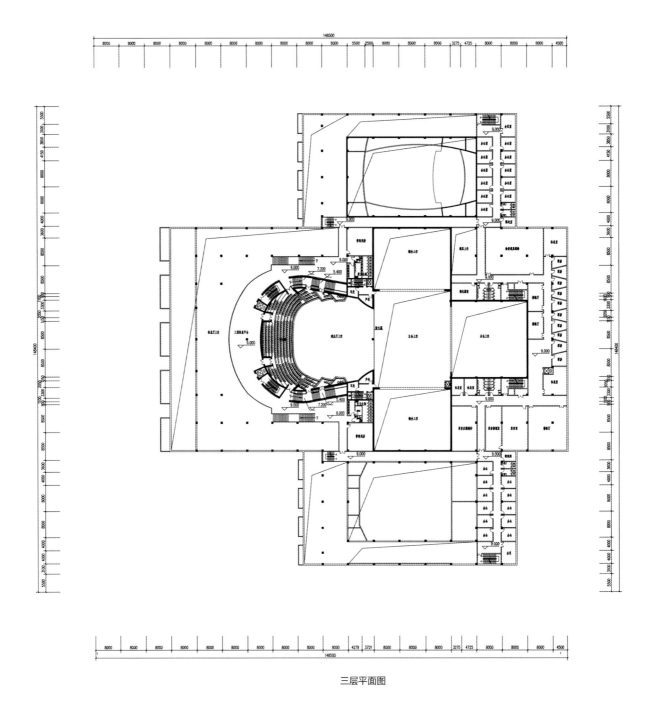

三层平面图

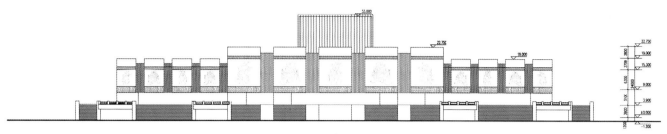

西立面图

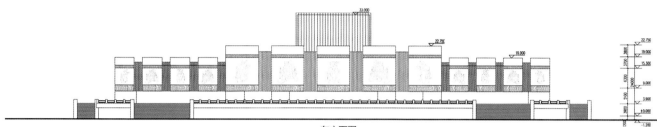

东立面图

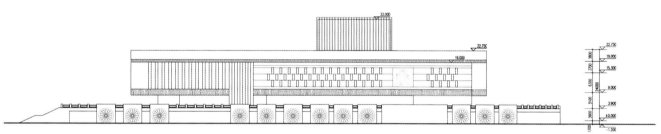

北立面图

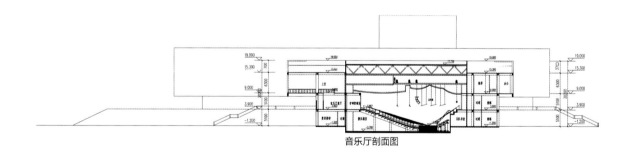

音乐厅剖面图

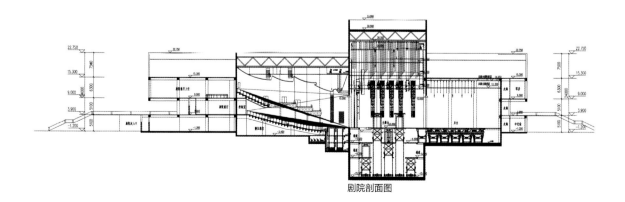

剧院剖面图

仪征·东方曼哈顿

项目名称：仪征·东方曼哈顿
开发单位：扬州市荣润房地产开发有限公司
设计单位：同济大学建筑设计研究院（集团）有限公司

技术经济指标
用地面积：164254m²
总建筑面积：485722m²
建筑密度：20%
容积率：2.2
绿地率：30%
总户数：2998 户
停车位：2449 辆

项目概况

本项目位于江苏省仪征市，仪征地处长江三角洲的顶端，是宁、镇、扬"银三角"地区的几何中心，长江、运河两条大动脉以及贯穿市区北部的宁通高速公路，组成了水路交通网，并随着镇扬大桥和宁启铁路的兴建，仪征与上海、南京、扬州、镇江等大中城市的距离近在咫尺之间具有独特的地理优势，是江苏省五大重点经济发展带之一。

规划原则

从总体规划设计入手，贯彻以人为本的思想，以建设生态型居住环境为规划目标，创造一个布局合理、功能齐备、交通便捷、绿意盎然、生活方便，具有文化内涵的住区。满足居民对居住、休闲、交流、娱乐等多种环境要求，把居住小区看作是一个多元以人为本的、依托自然生态的人居环境的综合体。

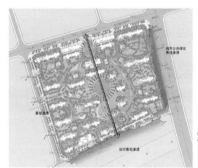

景观绿化分析

交通流线分析

消防流线分析

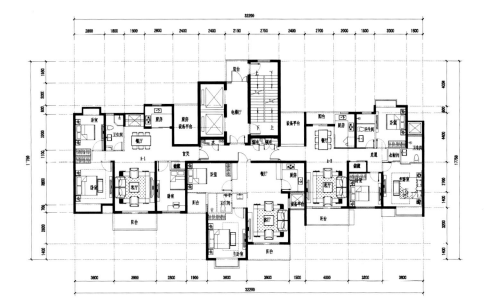

A 房型标准层平面图

A-1 房型标准层平面图

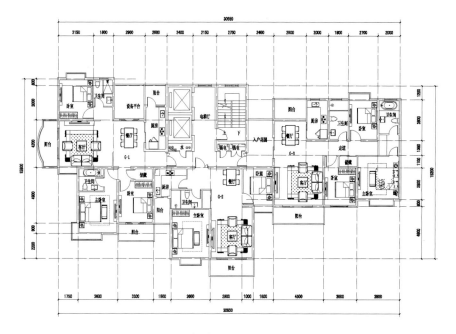

G 房型标准层平面图

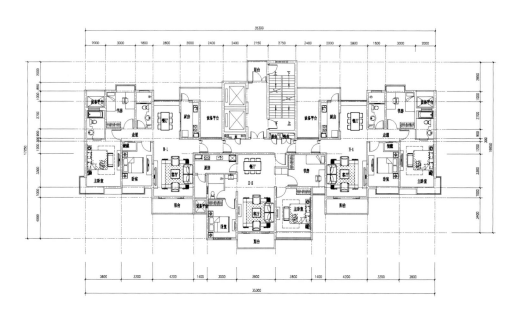

G 房型标准层平面图

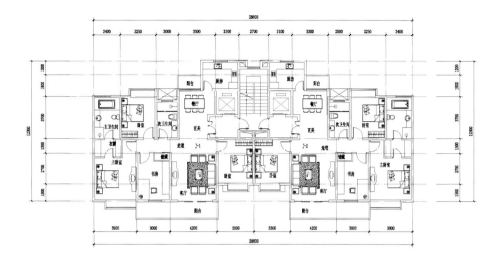

J房型标准层平面图

上海中海紫御豪庭

项目名称：上海中海紫御豪庭
开发单位：上海海创房产有限公司
设计单位：深圳市梁黄顾艺恒建筑设计有限公司

技术经济指标

用地面积：142108m²
总建筑面积：438144.90m²
建筑密度：24.3%
容积率：2.0
总户数：1135 户
停车位：1946 辆

本项目位于上海普陀区长风生态商务区，木渎巷以东、丹巴路以西、南临云岭路、北靠金沙江路，本地块由同普路划分为 6B 及 7C 南北两个地块。位置优越，面积较大，是少有的优质地块。用地平坦，西边为木渎巷及河边市政景观绿化用地，自然资源较丰富；同时地块位于上海市中环之间，交通便捷，区位优越。项目力求体现"国际水准、海派风格、生态效益"。

总体规划布局

1. 总体通过规划道路及景观布置将小区合理分为底层住宅区域和高层住宅区域，地块东侧规划为 27 幢 3 层底层住宅，西侧为 14 幢高层住宅，两者之间有效呼应，在两地块之间同普路上的主入口景观布置配套管理。成为整个小区的形象展示和住户精神

的归属之地。

2. 在小区组团中心结合水系绿化打造密林区，成为整地块的"绿肺"，让小区住户能近距离享受大自然带来的恩赐。

3. 高层区域建筑群体按照地块航空限高的要求采用高低错落的布局方式——由东至西逐渐降低建筑高度，使之符合航空限高要求。建筑群体有高低错落，有利于住宅的通风采光，同事形成舒缓丰富的天际线，丰富了城市景观界面。

4. 地块西面临木渎巷西侧北至同普路的大型城市公共绿地，云岭路北侧一条长 2 千米，宽 50 米的绿带，住宅布局上依托此优美的水绿生态环境做合理的旋转，争取每一户拥有最好的景观视线。

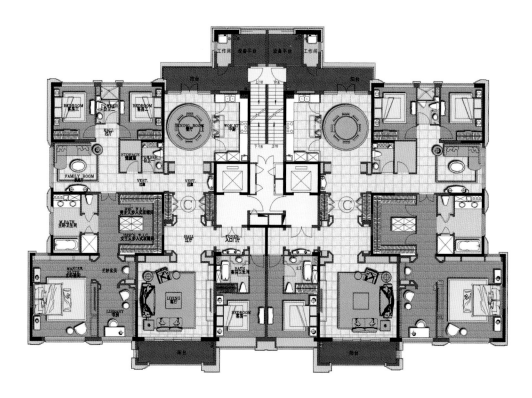

高层 A 房型平面图

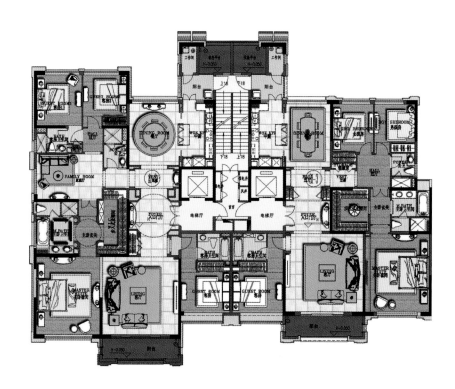

高层 B+C 房型平面图

本项目的建筑造型采用新古典主义风格，比例和谐恰当，里面线条及古典符号的运用，通过光影及材质变化传达出浓厚的文化品位及浪漫气息。材料运用注重质感，符合成功人士的审美情趣。将成为普陀区长风生态商务区的一道靓丽风景。

建筑立面饰以石材，色彩以暖调的浅褐色为基调，突出端庄、高雅的风范。入夜，顶部的天际线以泛光照明照亮，形成优美的沿江夜景效果，从而塑造出一个非同凡响的现代化高级城市公寓的形象。

低层房型地下一层平面图

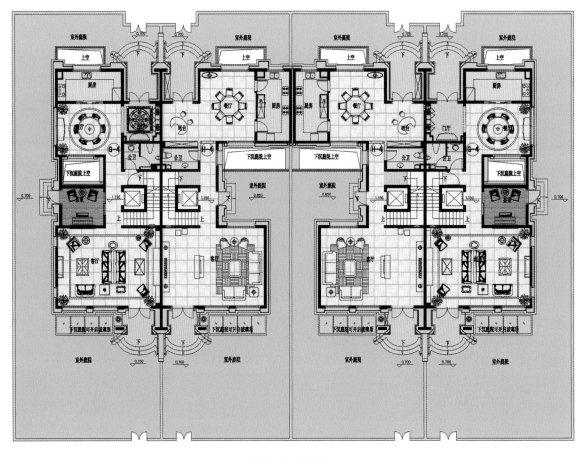

低层房型一层平面图

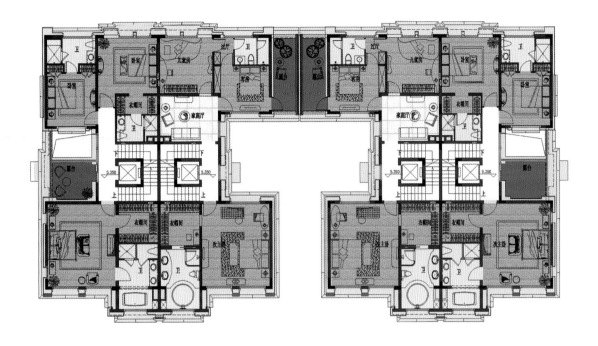

低层房型地下二层平面图

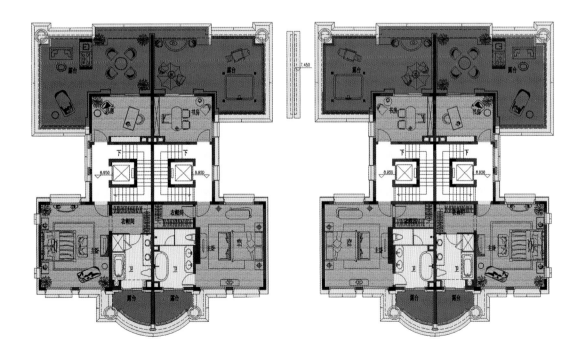

低层房型地下三层平面图

南立面图

北立面图

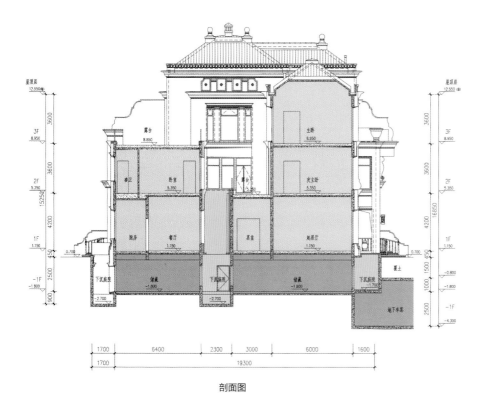

剖面图

西立面图

东立面图

陕西省交通建设集团咸阳基地

项目名称：陕西省交通建设集团咸阳基地
开发单位：陕西省交通建设集团公司

技术经济指标

用地面积：219247.552m²
总建筑面积：752330m²
建筑密度：17%
容积率：2.0
绿地率：25%
总户数：4620 户
停车位：4834 辆

工程概况

本工程建设用地位于咸阳市秦都区渭河南片区世纪大道南侧约800 米处。地块总征地面积 219247.552 平方米，其中：代征路面积 26000.382 平方米，代征绿地面积 17644.755 平方米，净用地面积 175602.415 平方米。基地北临西宝高速并规划有30 米宽的开元路，西临 60 米宽同文路，东侧为农田用地，南边规划宽度 40 米的永平路，区内地势平坦，基地呈"L"形、基地南边东西方向长约 503 米；东侧用地边界长约 452 米，西侧临同文路用地边界长约 212 米，北侧临规划的开元路用地边界长约 274 米。

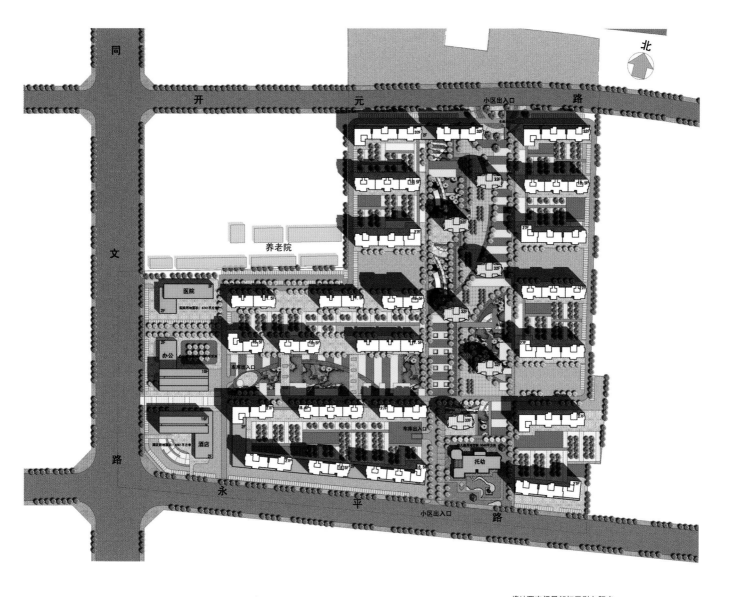

北

同

开

元

路

小区出入口

文

养老院

医院

路

办公

车库出入口

酒店

永

平

小区出入口

路

将地下空间局部打开引入阳光
真阳的地下室会有人停留

将传统的车行流线放置在地下
减少地面车辆的停留时间和数量
提高小区的安全
同时住户可直达居住楼宇，
更便捷的到家。

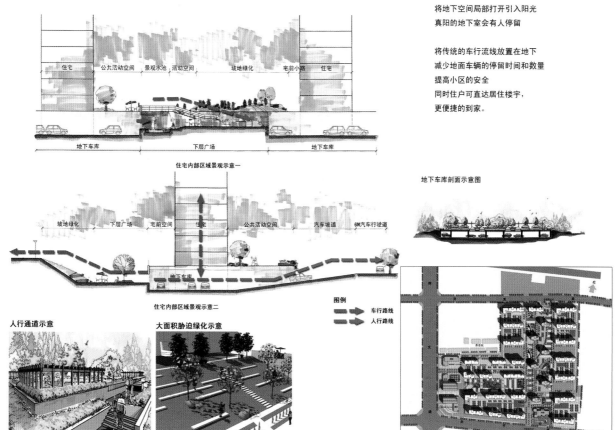

住宅　公共活动空间　景观水池　活动空间　坡地绿化　宅前小路　住宅

地下车库　　下层广场　　地下车库

住宅内部区域景观示意一

地下车库剖面示意图

坡地绿化　下层广场　宅前空间　住宅　公共活动空间　汽车坡道　6M汽车行驶道

地下车库

住宅内部区域景观示意二

图例

车行路线

人行路线

人行通道示意

大面积胁迫绿化示意

设计思路

基于对整个基地及区位环境分析，本方案在规划设计中遵循以下思路。

时代的思考。在新的历史时期，改革开放带来经济成果的同时，也冲击着人们的传统生活方式，在原来的城市肌理之中，引入新的城市设计理念，与城市共同生长。处理好"内部环境"，"外部空间"、"城市空间"之间的关系。

规划布局。规划从城市的整体功能和景观出发，营造一个全新的城市形象。合理的交通组织和自然生态相互交织，在城市中心边缘快速交通交汇处，提供发展规模化，人性化，生态型社区新思路。

高品质定位。由于项目地段的优越性和稀缺性，项目定位于中高档产品，并为城市的整体环境和形象做出贡献，使得成为当地一段靓丽的风景线。并扩大绿化氛围、重视生态、追求个性，使设计具有可持续性、可操作性，并着重处理与环境有关系系列产品，使建筑融合于环境，营造生态的、生机的、生动的居住小区。

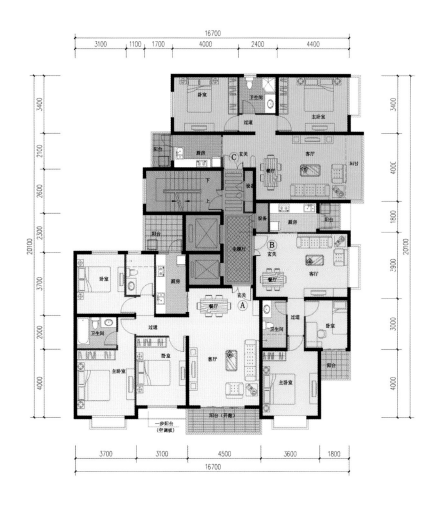

武汉绿地国际金融城 A04 地块

项目名称：武汉绿地国际金融城 A-04 地块
开发单位：绿地地产集团武汉置业有限公司
设计单位：上海大椽建筑设计事务所

技术经济指标
用地面积：67929 m²
总建筑面积：378118m²
计容积率建筑面积：319816 m²
容积率：4.71
建筑基底面积：17458 m²
绿地率：30%
户数：1903 户
停车位：1658 辆

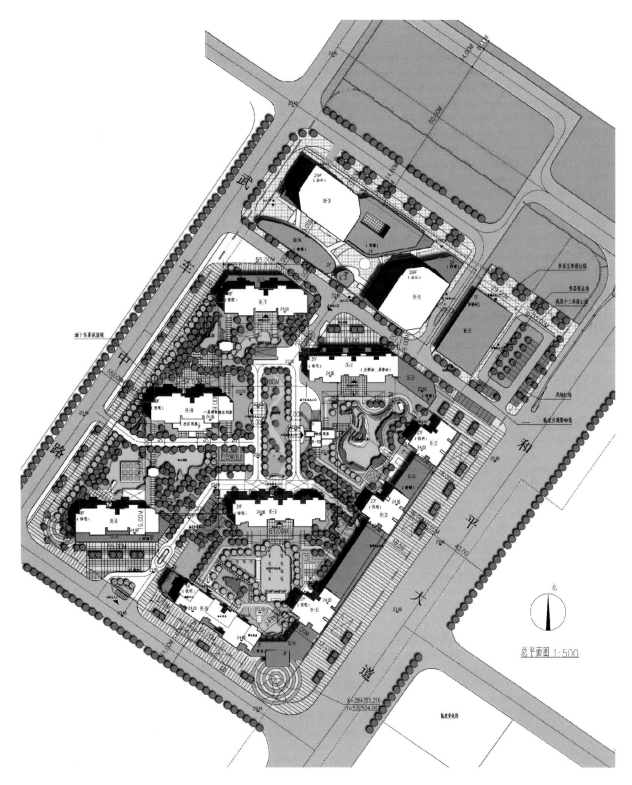

总平面图 1:500

北

基地概况

本工程位于武汉市武昌区车辆厂片 A04 地块，和平大道南侧为成熟的居住社区，西侧为待建 606 米超高层办公及金融城项目；项目建设场地东西长约 220 米，南北长约 360 米，和平大道与南北向成 55°角。地块西向及北向望江资源较好，地块内中高区住宅可眺望沙湖。和平大道为武昌区滨江主要道路。

项目规划

本项目位于武汉金融城项目核心区，紧邻 600 米超高层地标建

筑，与多栋超 5A 级写字楼和超星级酒店为邻。开发目标希望为武汉提供具有国际视野及满足高端人士需要的、能充分感受武汉文化底蕴和现代时尚气息的居住氛围。希望通过对规划和建筑的整体化设计，通过"整合地块区域资源"、"合适尺度组团社区"、"形象化入口"等概念的引入，展示丰富独特的文化风情城市形象及高档居住商业综合型的社区性格。

交通组织

地块内布置一条东西向道路作为商业街与居住街区的划分，是未来板块内主要的人流导入房型；地块南端设置一个主要的车行出

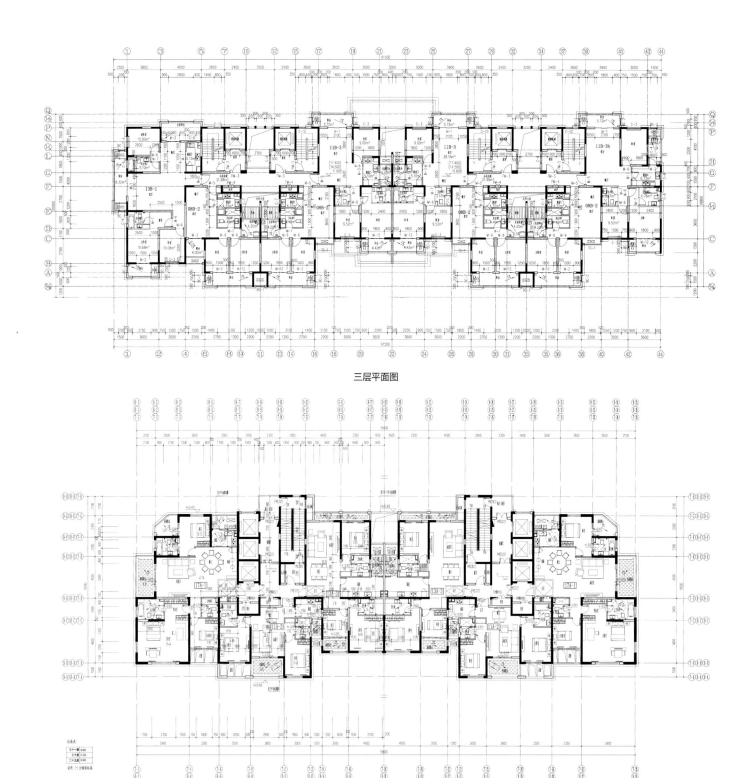

三层平面图

二十九、三十一层平面图

入口。高层住宅区域分为三个组团，组团主要出入口开向社区道路，就近设置地下车库出入口，各组团内日常交通科采取车行交通直接进出地库为主的模式。组团内部主要以人行为主，但在内部形成环形流畅消防通道，平时以景观为主，紧急情况下消防车进入组团内部，做到彻底的人车分流。

绿化景观

景观设计以空间为主导，建筑强调生长感，景观和建筑协调，植

被因地制宜，突出高层公寓的大尺度景观和低层住宅的花园式景观小绿化体验。多层垂直绿化创造出富有灵动生命气息的生活体验。组团间及内部利用各组团围合出独具特色的大型中心绿化景观，并结合造坡和水面设计创造层次分明的开放空间景观系统，增加小区的活力。中心景观节点与高层的内组团景观建立借景或轴线关系；同时各组团间绿化及一层私家庭院绿化提供公共与半私有到私密的景观系统，为居民提供集中的或分散的户外绿地与休闲娱乐活动场所。

廊坊新朝阳广场

项目名称：廊坊新朝阳广场
设计单位：元正（天津）建筑设计有限公司

技术经济指标
用地面积：174900m²
建筑面积：1024821m²
地上建筑面积：699421m²
地下建筑面积：325400m²
容积率：4.0
停车位：6625 辆

朝阳商业综合体项目，位于廊坊市东部广阳区内，和平路与爱民东道交口。廊坊"八大中心"主框架的周各庄商务区内。

项目四至——东至和平路，西至新开路，南至永丰道，北至爱民东道。

交通配套——项目所处区域为广阳区核心区，区域交通优势明显，四通八达的城市主干路网贯穿其中，使得区域人口流动活力强劲。项目周边交通路网发达，和平路、爱民东道均为城市交通主干道，新开路为未来的城市交通干道。

通过城市道路这种城市发展最基本的轴线，将城市中心区公共服务功能与创造城市生活性的居住功能区联系起来，充分利用商务中心的同时，又与集中的人群活动空间保持一定距离。

然后，通过进一步的功能联系轴线以及对于城市公共中心功能综合性的利用，再其穿插商业服务等服务性功能空间。

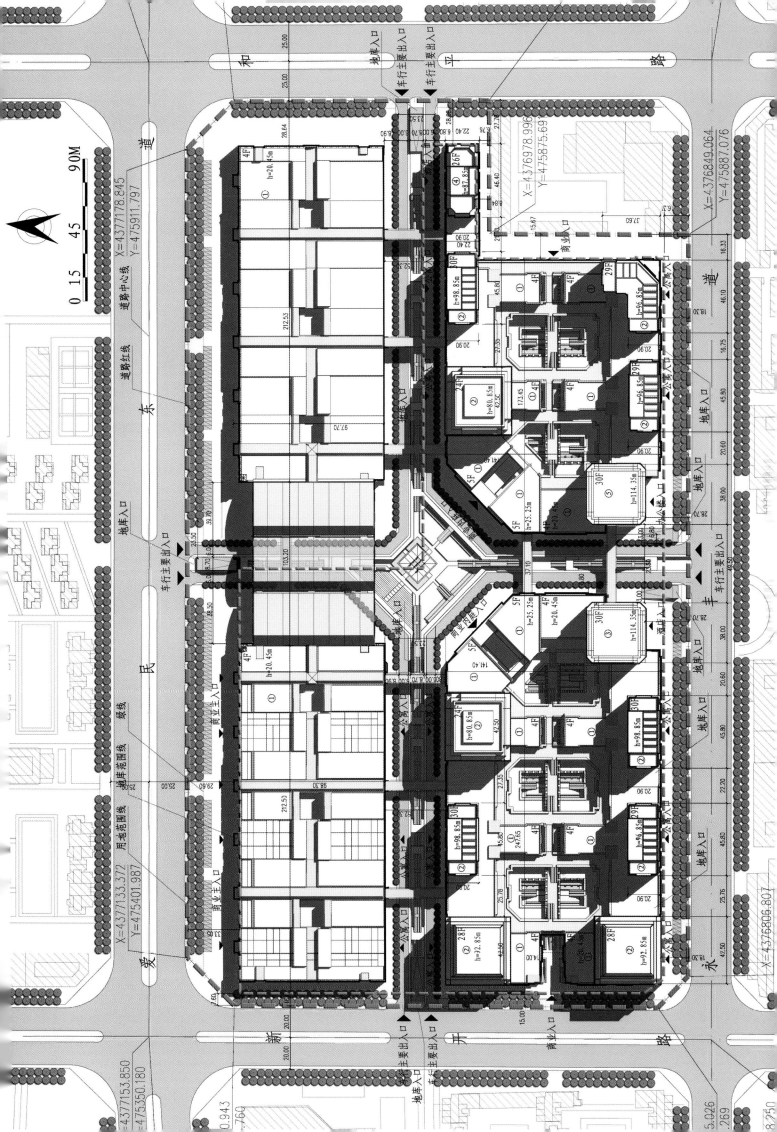

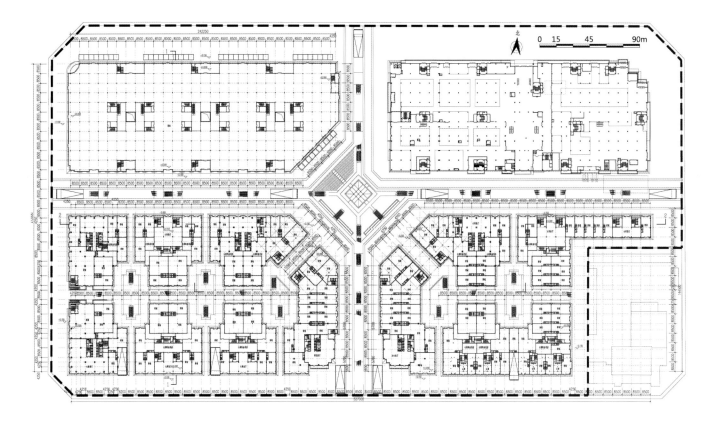

首层平面图

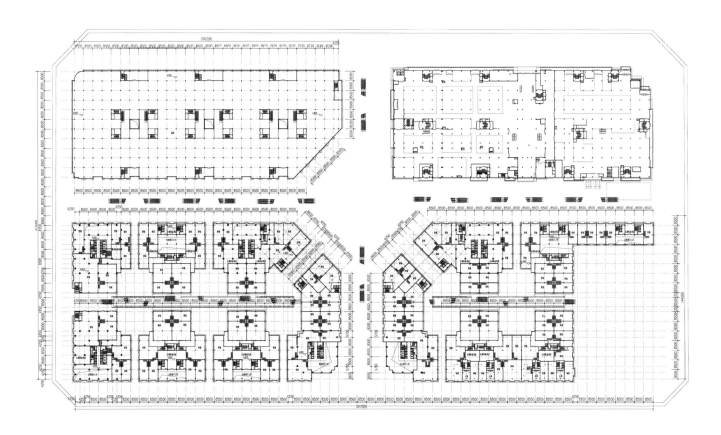

二层平面图

南向沿街立面图

北向沿街立面图

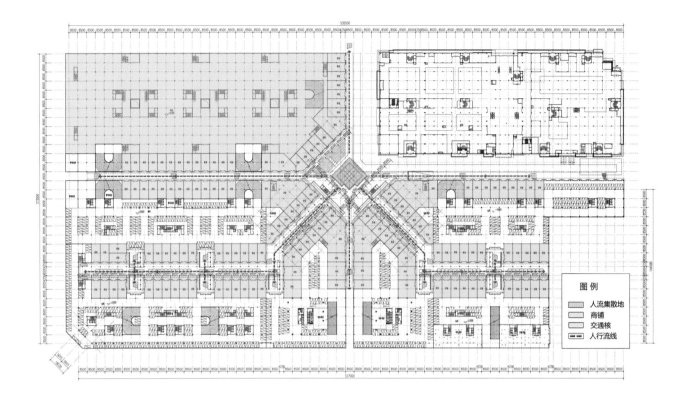

地下一层人行流线分析图

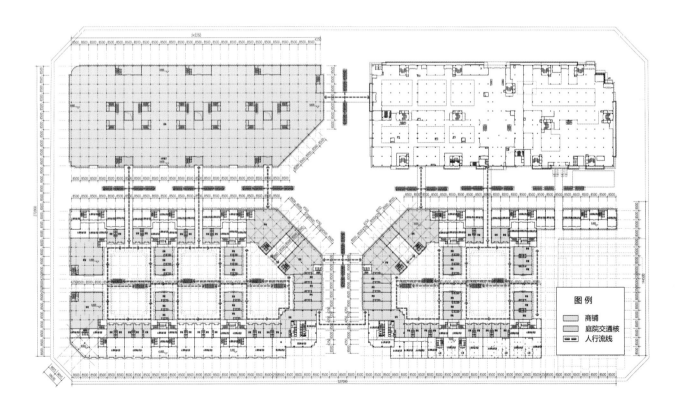

三层人行流线分析图

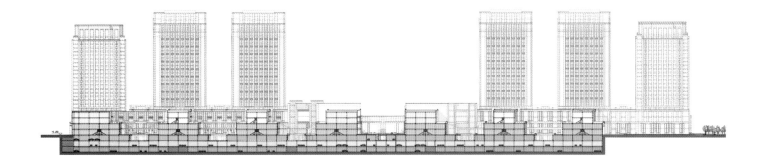

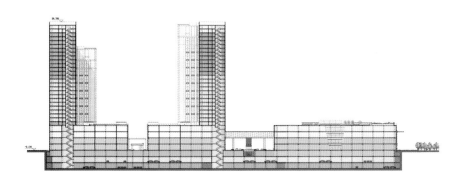

北京市朝阳区三间房乡商业金融用地

项目名称：北京市朝阳区三间房乡商业金融用地
设计单位：中国建筑设计研究院

技术经济指标
用地面积：68281.849 m²
总建筑面积：137308.25m²
容积率：2.0
建筑密度：24.52%
绿地率：30.2%
停车位：618 辆

工程概况

本工程为"北京市朝阳区三间房商业金融用地项目规划设计方案"工程。本工程地块位于朝阳区三间房乡，东至西柳西路，南至塔影北街，西至北双桥村路，北至北花园街。本项目地块周边以居住小区为主，周边居住人口密度大，生活配套商业设施较缺乏。项目规划总用地 52011 平方米，规划建设用地性质为商业金融用地，兼容办公。

设计特点

合理解决功能要求，与地理气候条件相结合，体现使用美观的原则。关注商业环境、办公环境和自然环境的融合，通过设计中心绿化、组团绿化及屋面绿化，改善办公环境，体现以人为本的设计理念。

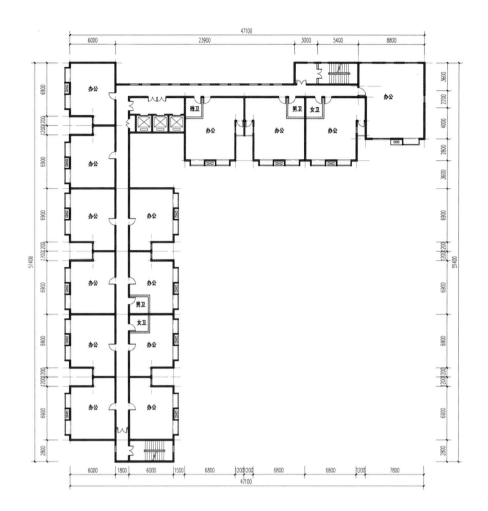

2# 楼标准层平面图

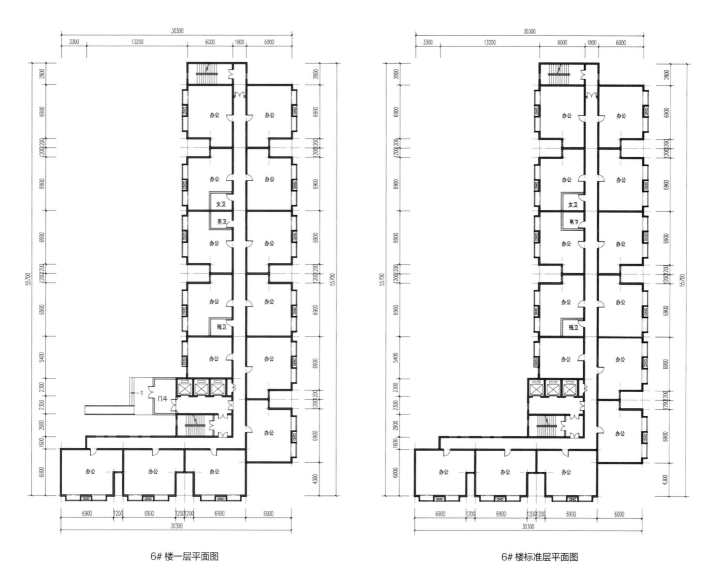

6# 楼一层平面图　　　　　　　　　　　　　6# 楼标准层平面图

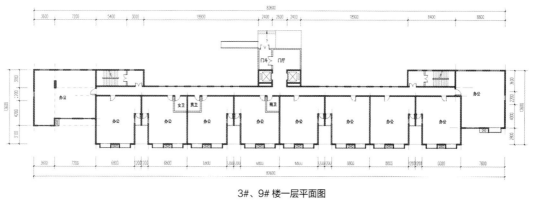

3#、9# 楼一层平面图

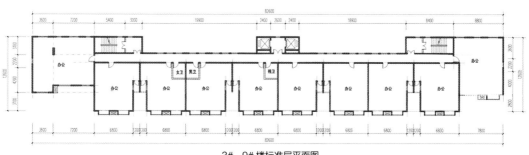

3#、9# 楼标准层平面图

赣州自然博物馆

项目名称：赣州自然博物馆
设计单位：清华大学建筑设计研究院

技术经济指标
用地面积：4.069 公顷
总建筑面积：27950m^2
容积率：0.49
建筑密度：27.3%
绿地率：34%
停车位：200 辆

赣州自然博物馆工程位于章江新区城市中轴 F14 地块，紧邻赣州中央生态公园南侧，项目总用地面积 4.069 公顷。它是市（地）级综合性自然博物馆，由自然主题馆、室内植物园组成，被列为赣州市重点工程建设项目。总规模为 27950 平方米，容积率为 0.49，停车数量为 200 辆（车库停车 46 辆，广场停车 154 辆），见图 1 所示。

建筑平面布局分为两大部分：东南侧部分为自然主题馆区和生态休闲区，其中地下一层设置 351 座和 172 座大小两个报告厅，

藏品库，辅助用房等；西北侧部分为植物园展区。两部分在地下一层处以地上通道为界相互独立，在首层二层相连，共同形成展示空间。

该馆构思主题为"赣南钨晶花"，以独具现代感的陈展空间来营造、展现赣州的丰饶物产和秀美自然。由于方案设计师对建筑艺术效果的追求以及建筑空间和使用功能在现行规范条文下的限制，笔者在进行建筑消防设计过程中，与审图人员进行了多次的沟通，以解决设计中遇到的困难。

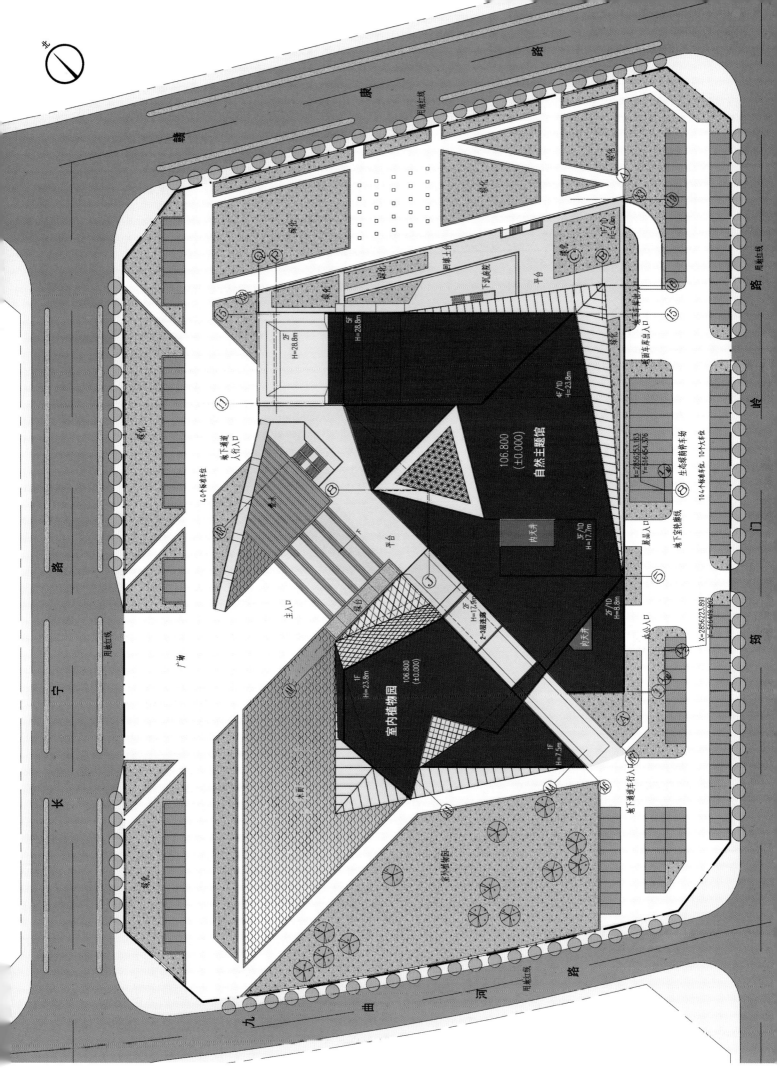

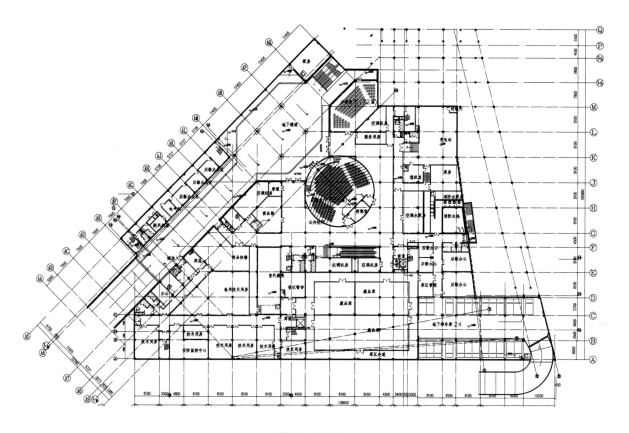

地下一层平面图

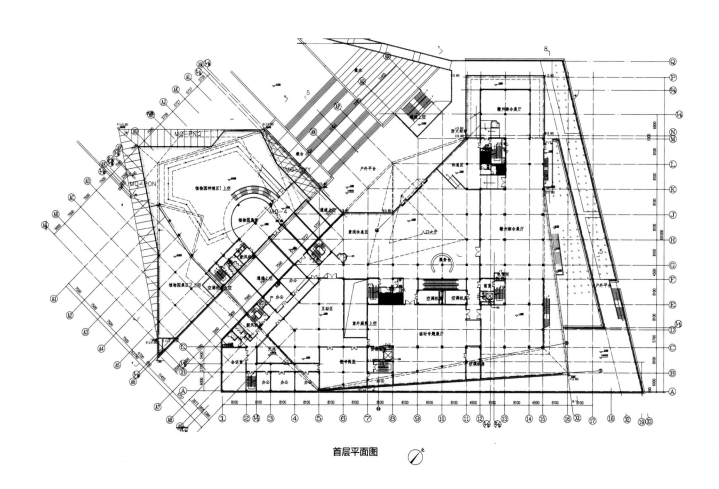

首层平面图

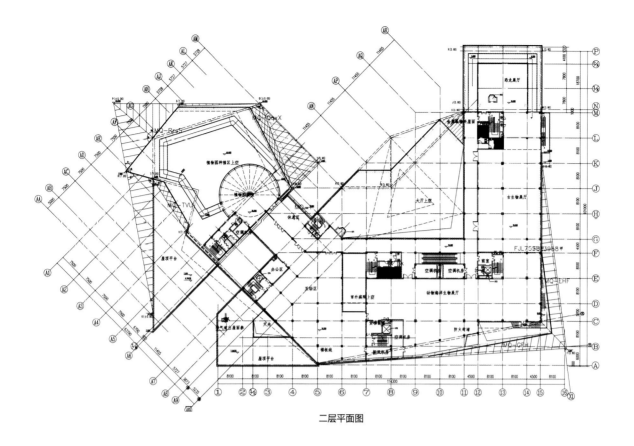

二层平面图

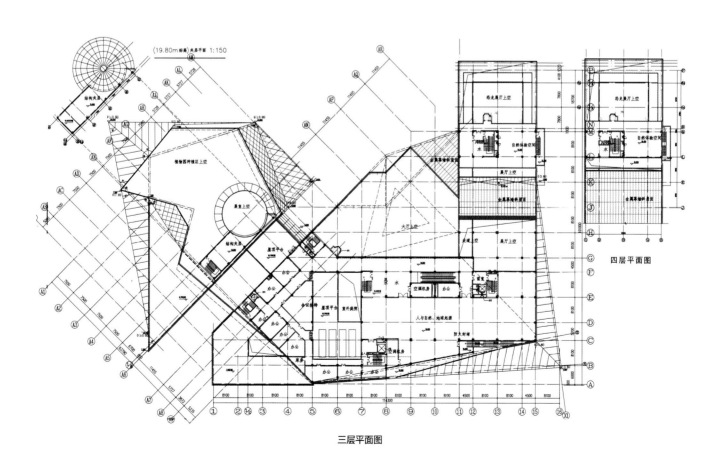

(19.80m 标高)夹层平面 1:150

四层平面图

三层平面图

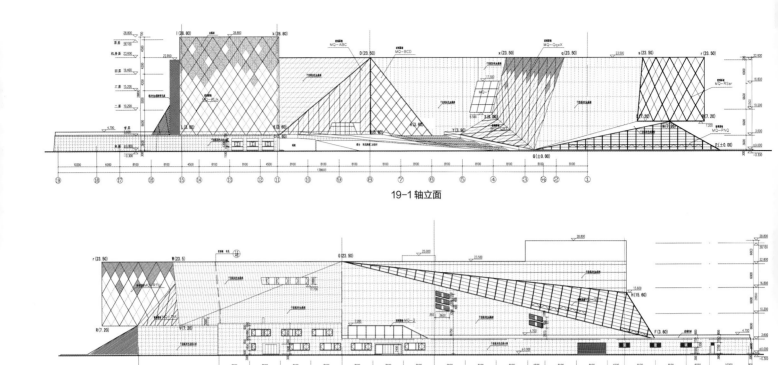

19-1 轴立面

1-19 轴立面

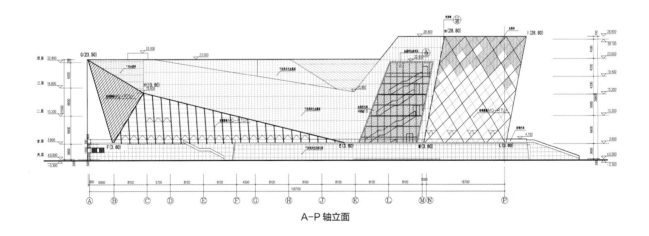

A-P 轴立面

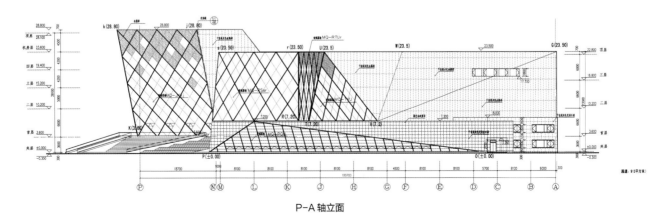

P-A 轴立面

莆田萩芦溪

项目名称：莆田萩芦溪
设计单位：清华大学建筑设计研究院

技术经济指标
用地面积：289.6 公顷
总建筑面积：1691253m²
容积率：0.59
建筑密度：12%
绿地率：60%
总户数：10498 户
停车位：11722 辆

交通系统分析

道路体系的形成是经我们反复推敲形成的，形成精干便捷的交通骨架，其规划依循以下原则：依山就势，自然顺畅，保护原生态环境；便捷性和简练性，尽可能地提高路面的连带效率；个别交点采用立交解决高差问题。

绿地系统分析

以适宜居住和生活为主题，以萩芦溪水系为基础，控制绿核核绿带，建立网络状的生态绿廊，规划形成了"滨水绿地，运动绿地，中心绿地，宅间绿地"的生态绿地系统。

规划设计沿萩芦溪和内河沿岸为生态廊道，利用自然山体，水体和道路沿线控制绿化带。滨水绿带沿岸提高了高端住宅的品质，景观绿地渗入高密度住宅区。中心绿地形成区域公园。

规划构建点、线、面融合的绿地系统。根据绿地位置、性质不同，规划分为滨水绿地、运动绿地、中心绿地和生态景观绿地。保护外围大面积山体绿地，形成良好的生态背景，生态景观绿地是保留下来的若干条深入规划范围内的楔形绿地，这些绿地尽可能保留原始地形地貌，从而构建融于区域的绿地系统。

平面图

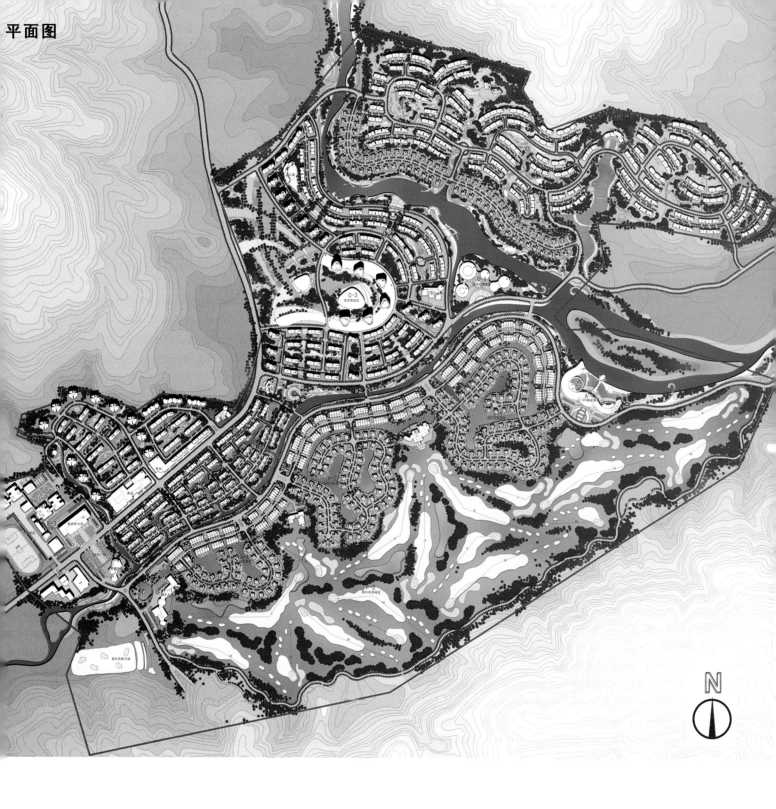

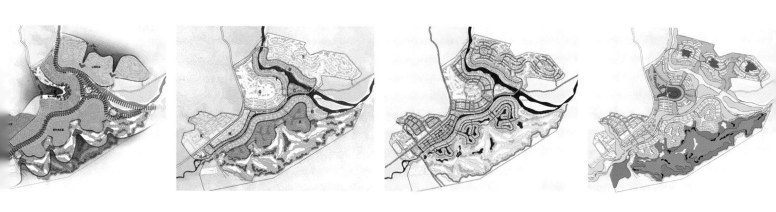

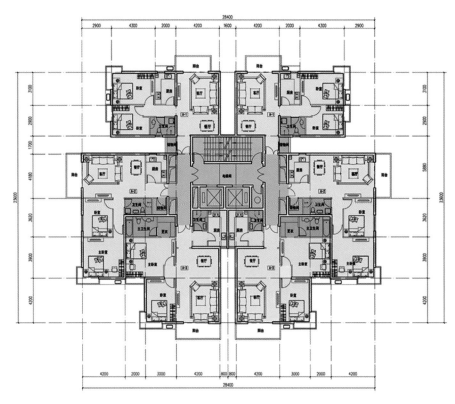

回迁区 A 单元平面图

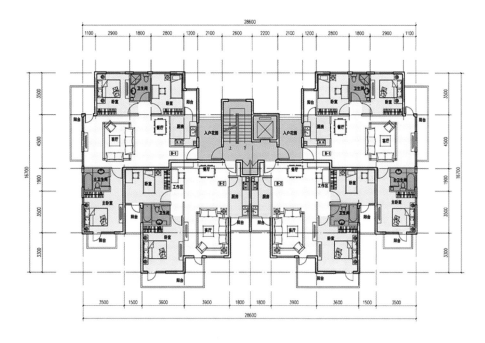

回迁区 B 单元平面图

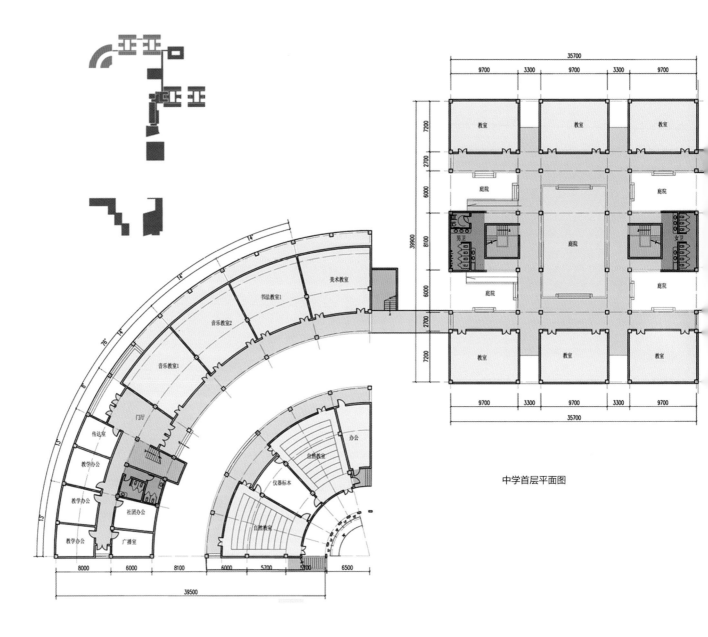

中学首层平面图

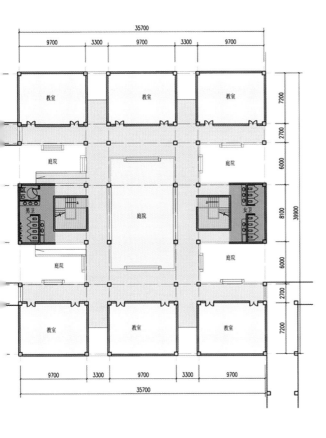

回迁区部分分为三个区域，其中住宅部分分为两个大组团，相互独立，又相互联系，住宅部分整体沿山体等高线布置，周围点缀高层，中间部分布置小高层，各组团整体性较强，又相对独立，可以分阶段建设。

沿居住区道路设置了商场、储蓄所、邮电所等公共服务设施，服务于回迁区部分以及周边住区。小区内部有服务于回迁区内部的幼儿园。

曲阜火炬大厦

项目名称：曲阜火炬大厦
设计单位：清华大学建筑设计研究院

技术经济指标
用地面积：1.48 公顷
总建筑面积：59385.6m²
容积率：3.18
建筑密度：25.8%
绿地率：30%
停车位：195 辆

项目概况

曲阜火炬大厦项目位于曲阜市高铁新城迎宾大道南北两侧，西邻三环路，东临二环路。北侧用地 1.48 公顷，工程定位为高层办公建筑工程。建筑地上 24 层，地下两层，总高度 100 米（至女儿墙顶）。建筑总面积为 59385.6 平方米，其中地上建筑面积为 47192.0 平方米，地下建筑面积（不含汽车坡道）为 12194 平方米。建筑首层主要设置办公楼门厅、银行营业厅、茶室、餐厅等功能，二层设置书店、办公等，三层为餐厅，四层、五层为儒学交流中心，6-24 层为办公。地下一、二层主要为设备机房和机动车库。

造型概念

方案以玉琮为造型理念。玉琮是祭祀地神的礼器。本方案采用玉琮为造型元素，含蓄地传达了孔子故里的尚礼传统。两座建筑用简化后的立方体玉琮元素堆叠起来，并加以扭转，远远看去恰似一个"朋"字。这一在高铁站前迎八方来客的城市地标，仿佛在浅吟"有朋自远方来，不亦乐乎"的名句。

高层立面采用横向构图，一方面是玉琮的条纹肌理的具象表现，另一方面象征了孔子故里千年中层层叠叠的文化沉淀。黑白灰的色彩搭配是老城建筑色彩的提炼，它给建筑带来了淡雅宁静的气质。层叠的黑白灰条带让建筑远看仿佛高高堆起的书卷。

■ 子曰：不学礼，无以立

■ 孔子推崇周礼

■ 以"礼"迎客是高铁站前建筑最具地域性的表达

■ 怎样表现礼？

■ 《周易·系辞上》："形 而上者谓之道，形而下者谓之器。"
器以藏礼是中国的文化传统

■ 玉琮：祭祀地神的礼器

形式的生成

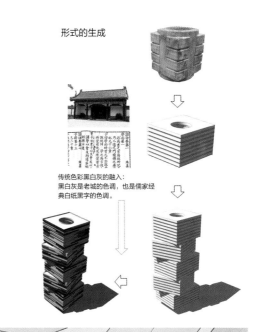

传统色彩黑白灰的融入：
黑白灰是老城的色调，也是儒家经典白纸黑字的色调。

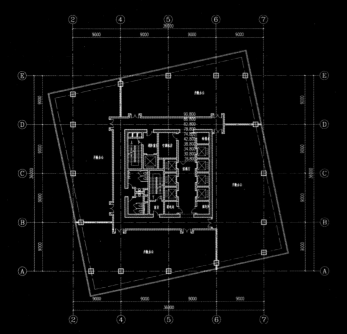

办公楼标准层 A 平面图

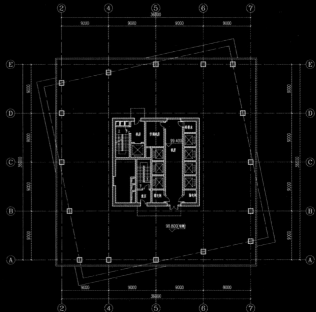

办公楼屋顶平面图

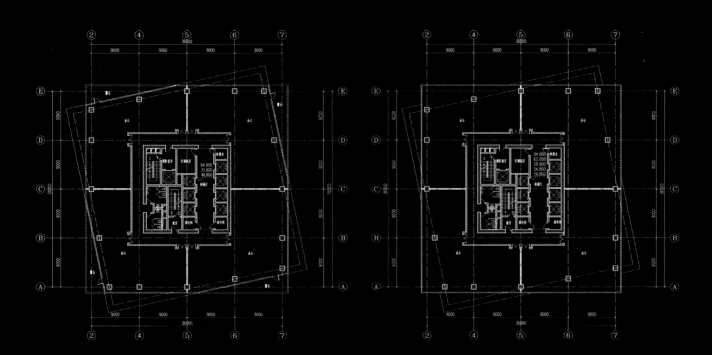

办公楼标准层 B 平面图

办公楼标准层 C 平面图

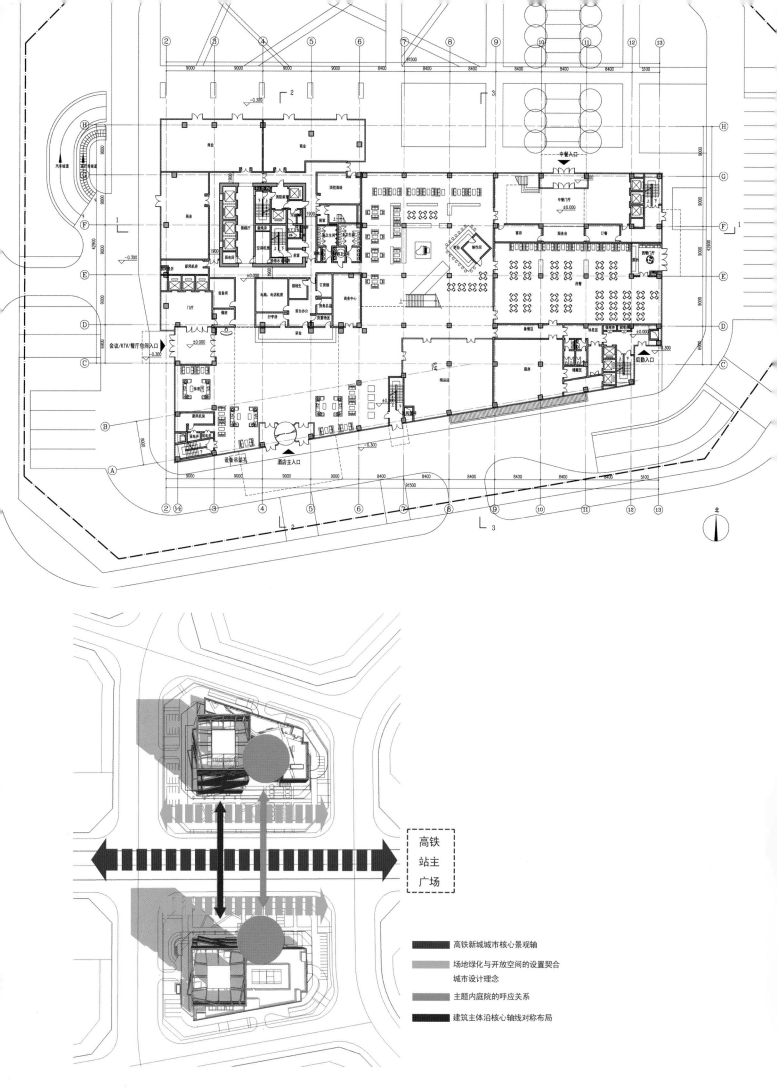

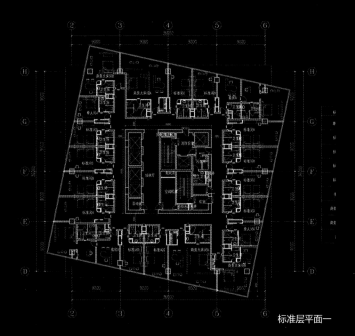

标准层平面一

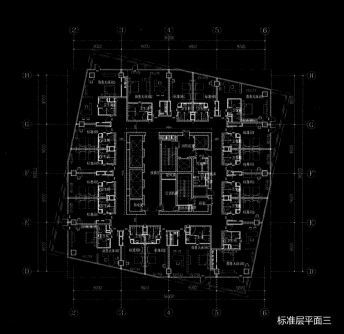

标准层平面三

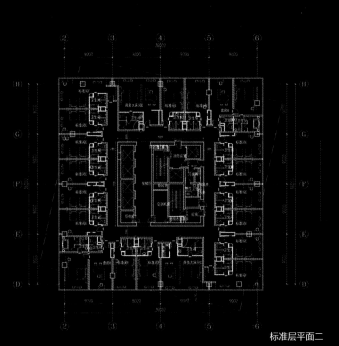

标准层平面二

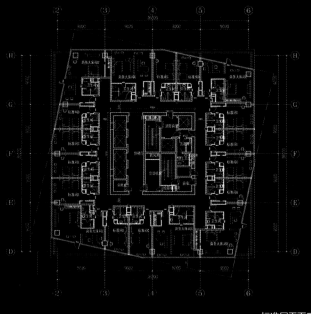

标准层平面三

北海冠岭项目二期五星级酒店及会议中心

项目名称：北海冠岭项目二期五星级酒店及会议中心
设计单位：元正（天津）建筑设计有限公司

经济技术指标
用地面积：22.62 公顷
建筑面积：84474.36m²
地上建筑面积：66497.63m²
地下建筑面积：17976.73m²
容积率：0.29
建筑密度：11.34%
绿地率：40%
停车位：499 辆

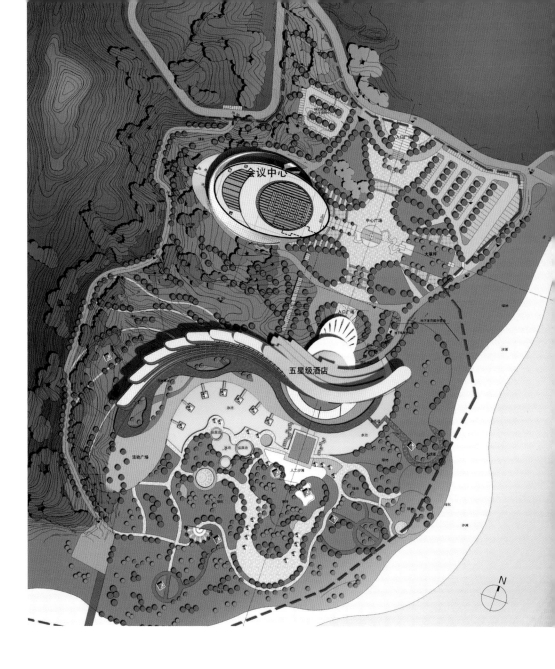

项目概述

北海冠岭项目位于北北海冠岭滨海景区内，景区位于北海西海沿岸，规划用地面积约 1066 亩（1 亩 ≈ 666.7 平方米）。本项目建设地点位于北海市冠头岭西侧，地理位置优越，环境优美。五星级酒店及会议中心用地位于整个冠岭项目用地的最东部，其南面为建港公司油库和度假海滩。其南面为度假海滩，规划用地面积约 339 亩。

用地范围内除山脊部分植被较差，其余均有较好的植被覆盖，树种以木麻黄和松树为主。项目建设需要对场地内建筑物进行拆迁，涉及拆迁的建筑包括北海建港公司油库以及部分居民房屋。沿海大部分海岸为沙滩，经整理和净化可作为海水浴场沙滩。

项目定位

北海冠岭项目五星级酒店及会议中心的定位为：旨在发展广西滨海旅游，提高高端接待能力的基础，实现北部湾经济区发展规划的需要；对推动广西和北海开放合作具有重要作用；提升广西和北海市的旅游产业水平，拉动经济增长；完善北海市旅游基础设施，整合周边旅游资源的重要举措；打造北部湾休闲城市，提高北海知名度。

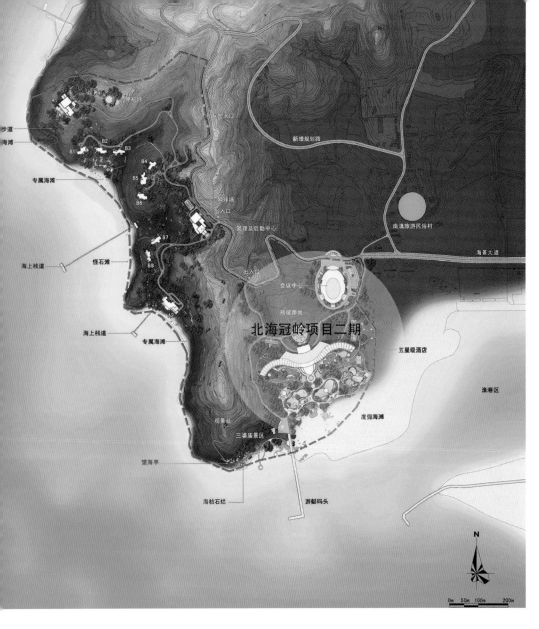

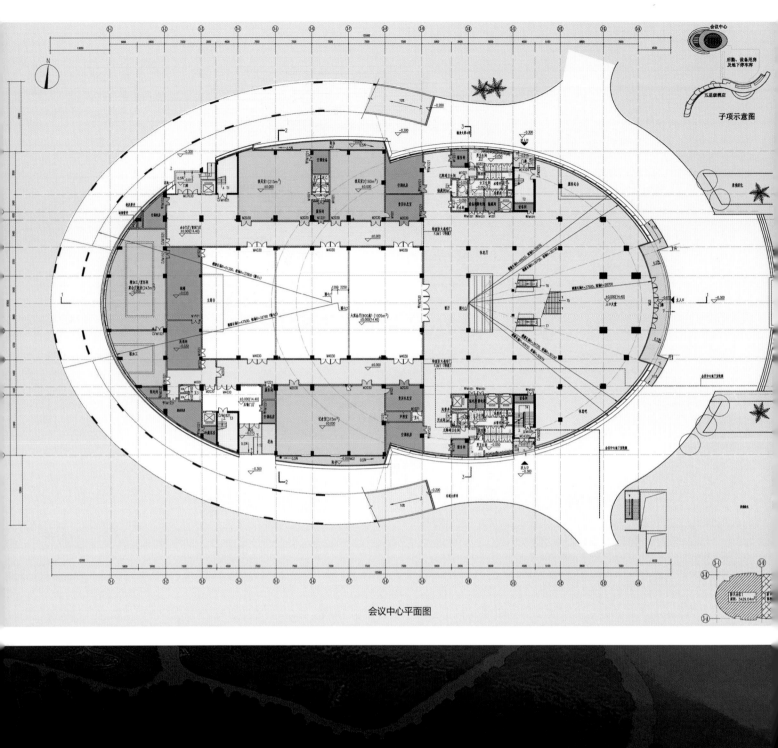

会议中心平面图

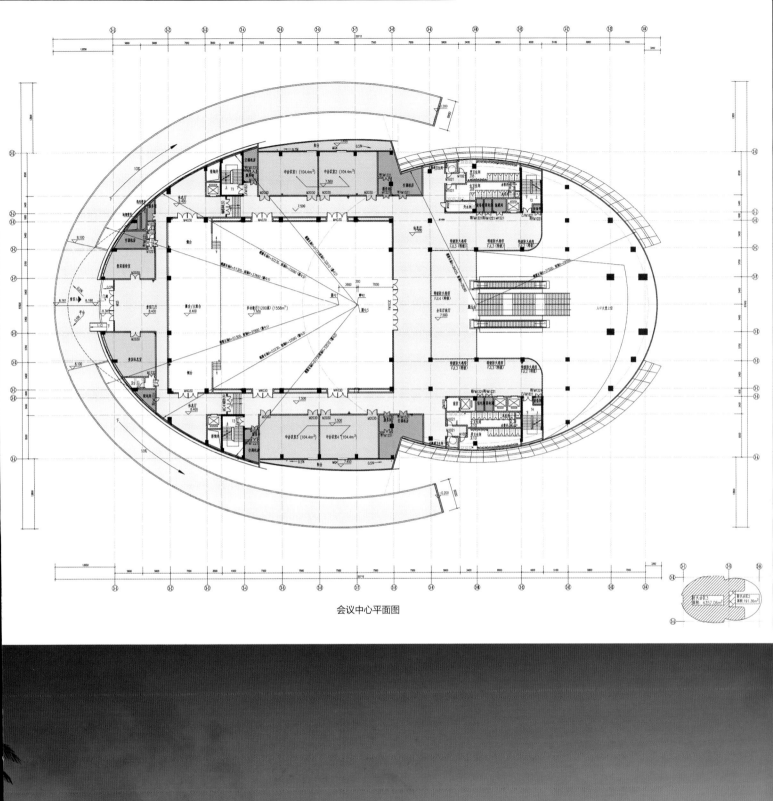

会议中心平面图

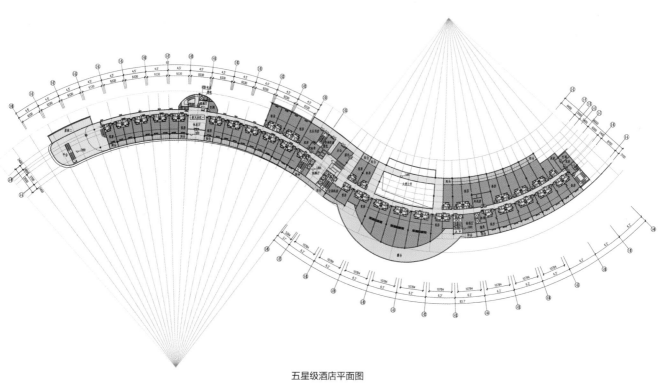

五星级酒店平面图

长沙明发广场

项目名称：长沙明发广场
设计单位：上海现代建筑设计（集团）有限公司规划建筑设计院

技术经济指标
用地面积：285594m²
总建筑面积：1173293m²
容积率：3.4
建筑密度：23%
绿地率：37.7%
总户数：4430 户
停车位：6281 辆

项目建设用地处于金星大道东侧，月亮岛路南北两侧，南侧为已建金色阳光住宅小区，北侧为已建住宅小区尚公馆，东侧为规划发展备用地。北侧地块周边边界呈较为规整的矩形，南侧地块呈梯形，总用地面积 28.56 公顷，是望城区地理位置极佳周边配套正处于逐步成熟的极具发展潜力的地块。现有地段西侧的金星大道为城市快速道，其连接枫林路、岳麓大道、二环线、三环线等主干道，另外从远期看，规划中的地铁 1 号线沿金星大道至望城，项目附近规划有地铁站，基地交通优势明显。

项目所在地整体目标定位为新都市主义国际生活社区 CLD（Central Living District）。空间布局包括，"一心、两轴、两带，四区"。一心：为 HOPSCA 综合中心。两轴：为潇湘大道发展轴、商贸办公轴。两带：为两条绿化休闲带。四区：为 HOPSCA 片区综合中心区、滨水综合服务区和两片居住社区。其中，HOPSCA 综合中心区集聚了酒店＋写字楼＋公园＋大型综合购物中心＋商贸博览＋国际公寓组成的城市综合体。滨水综合服务区依托湖湘文化魅力和月亮岛"美猴王国"项目，布局酒店旅业、文化娱乐、旅游服务中心。

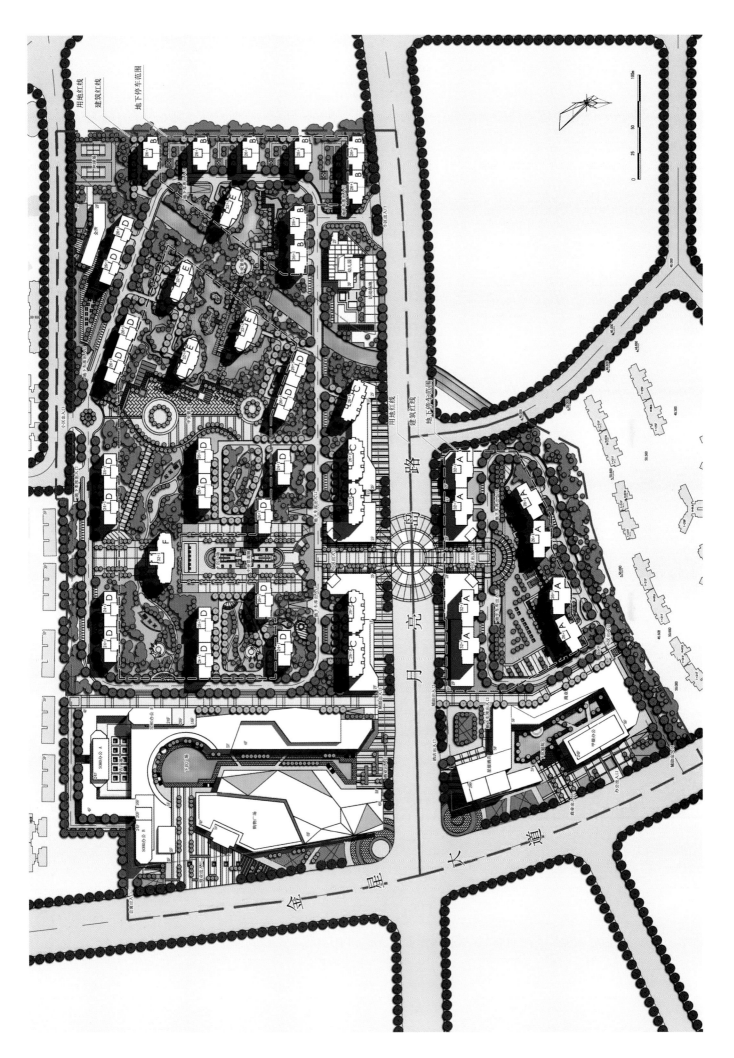

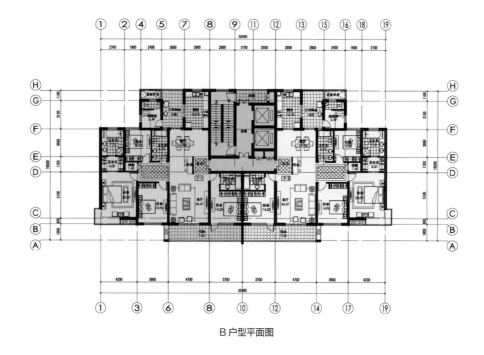

B 户型平面图

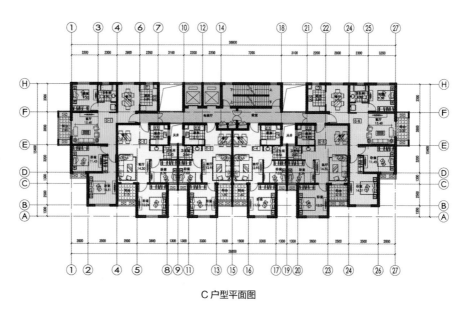

C 户型平面图

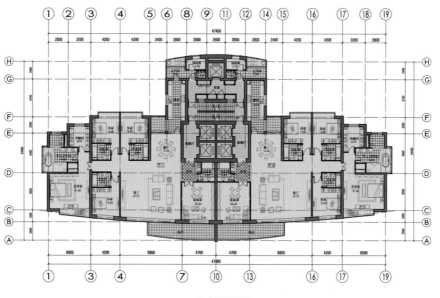

F 户型平面图

金地荔湖城

项目名称：金地荔湖城
设计单位：广东省城乡规划设计研究院

技术经济指标
用地面积：542735m²
总建筑面积：545439.4m²
容积率：0.81
建筑密度：17%
绿地率：41%
总户数：3521 户
停车位：2909 辆

区域位置分析

本项目位于增城新塘镇，处于广州未来发展"东进"的核心部分，属于广州未来发展的重要的一个组团中心。项目距离广州机场约40分钟车程。

区位关系分析

本项目周边有广州经济技术开发区，新塘工业区，新新公路于地块旁边穿过，由地块沿新新公路向南可以到达广惠高速、广园高速、广深高速出入口、广深公路及广深铁路线，约10多分钟车程，向北可以直达广汕公路。项目距离广州天河约需40分钟的车程。

N

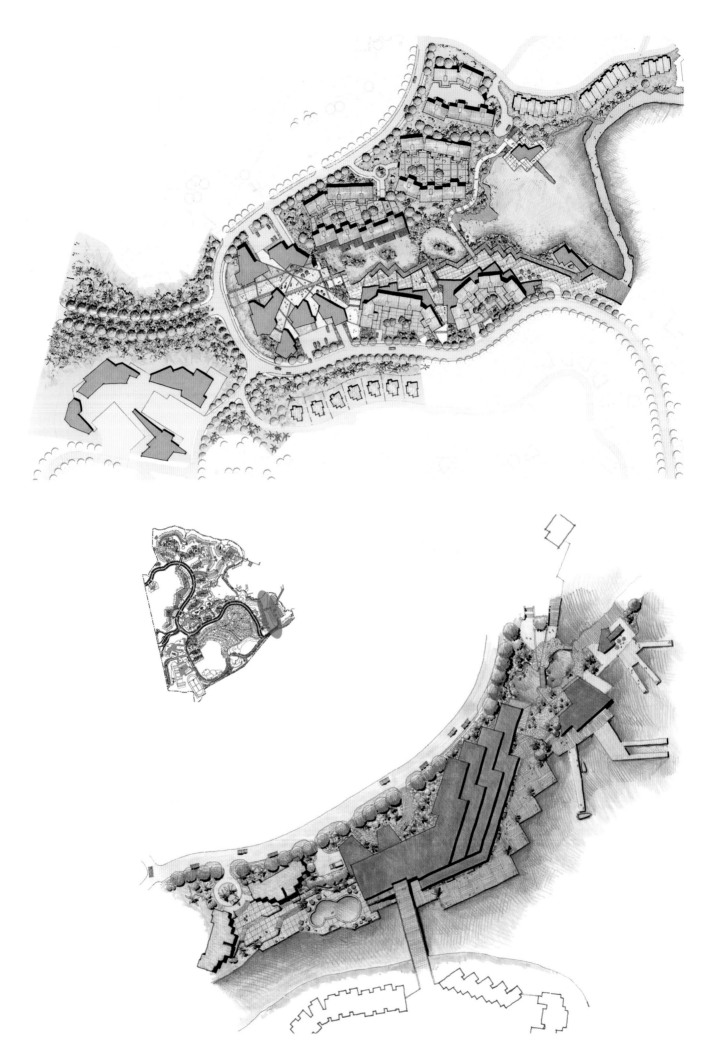

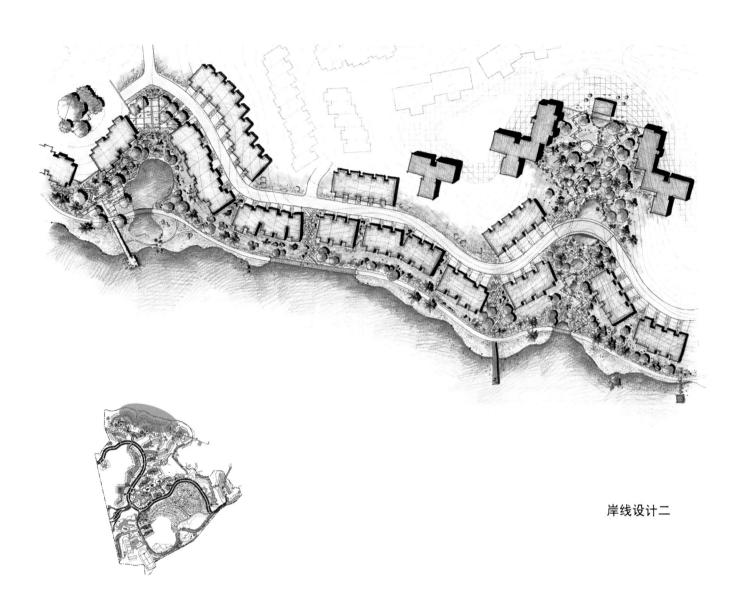

岸线设计二

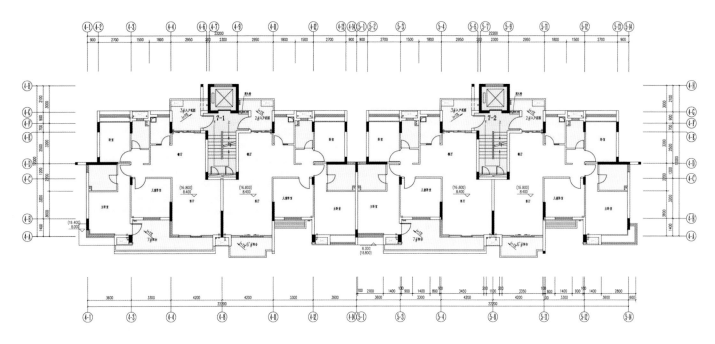

五层、八层平面图

三至六层平面图

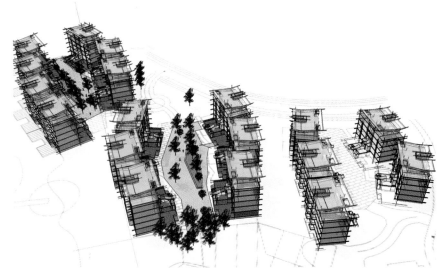

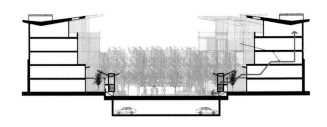

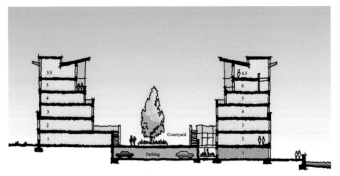

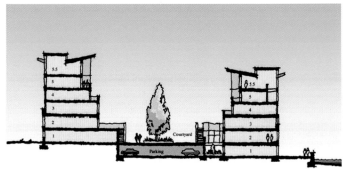

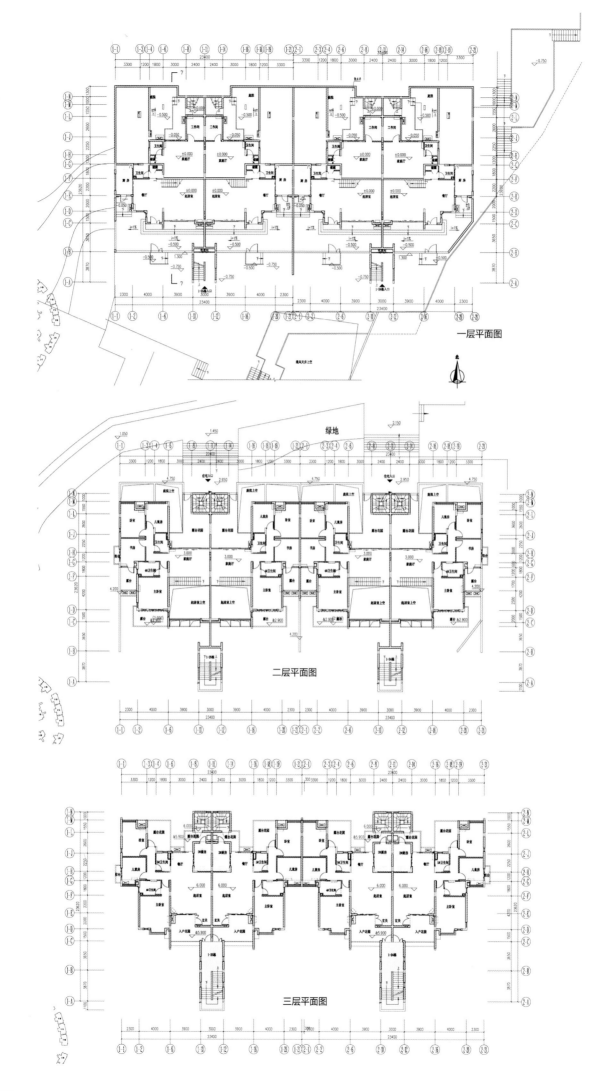

一层平面图

二层平面图

三层平面图

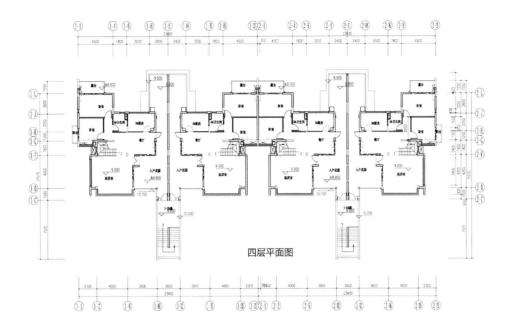

四层平面图

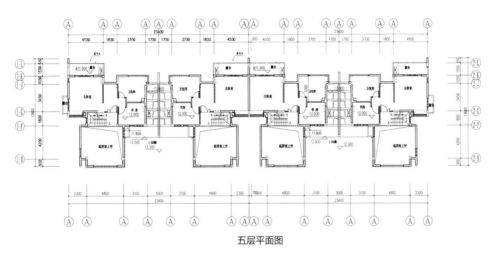

五层平面图

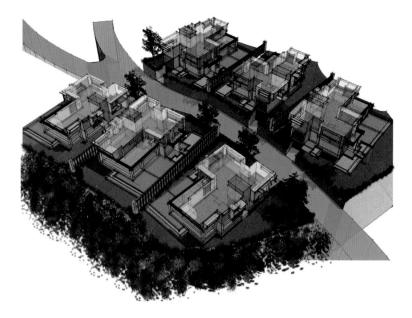

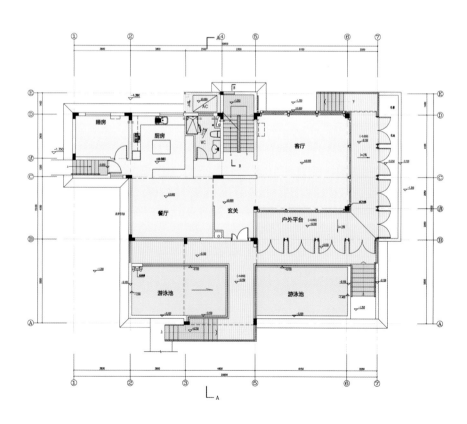

一层平面图

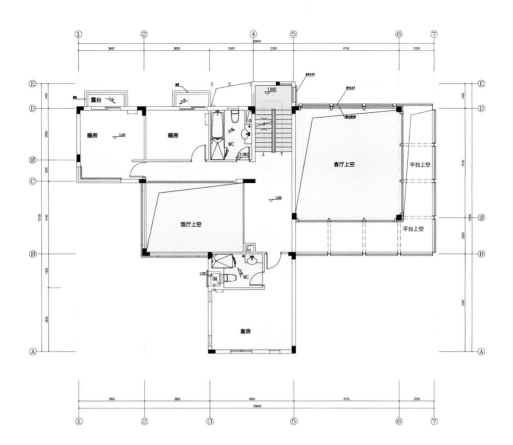

二层平面图

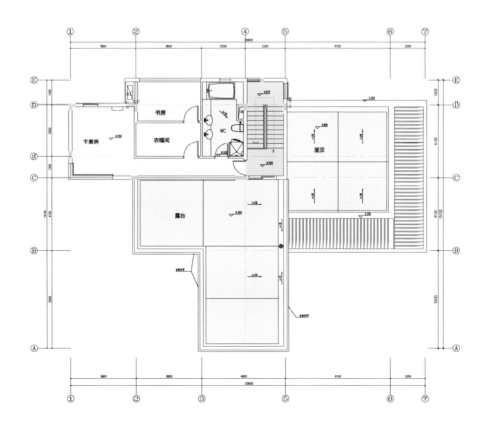

三层平面图

中国驻德国大使馆大使官邸

项目名称：中国驻德国大使馆大使官邸
设计单位：同济大学建筑设计研究院（集团）有限公司

技术经济指标
用地面积：13000m²
总建筑面积：965m²
容积率：0.12
建筑密度：7.4%
绿地率：73%
停车位：15 辆

中国驻德国大使馆大使官邸位于德国首都柏林市东部潘可夫区一个住宅区内，用地面积约 13000 平方米，设计建筑面积约 1500 平米。经过对基地以及柏林城市建筑的实地调查和分析，我们认识到本设计任务有以下特点：

1. 基地四周有 6-7 层的原大板住宅，体量较大，形成了一个"盒子"空间。本项目基地大而建筑体量小，犹如处在碗底；因此，适当地增加建筑体量是合适的方法。

2. 官邸建筑有特殊性。既要有安全和私密的考虑，又要适合外交

官之间的交流活动，因此要重视外隐内显。

3. 柏林是外交建筑精品荟萃的地方。从 Tiergarten 到 Mitte，奥地利、法国、英国、荷兰、墨西哥、印度、北欧等国大使馆各领风骚。中国大使馆是原工会大楼改建的，因此大使官邸应成为非常有特色的建筑艺术，与我国的国际地位相应。

4. 大使官邸既是大使居住的地方，也是在交往中展示中国文化的重要场所，应具备中国文化的涵义；为宾主提供谈话的题材，有品赏的空间和余地。

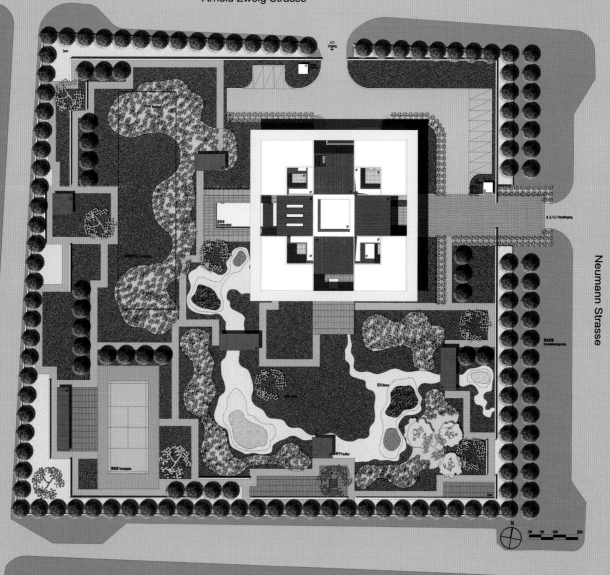

Arnold Zweig Strasse

Neumann Strasse

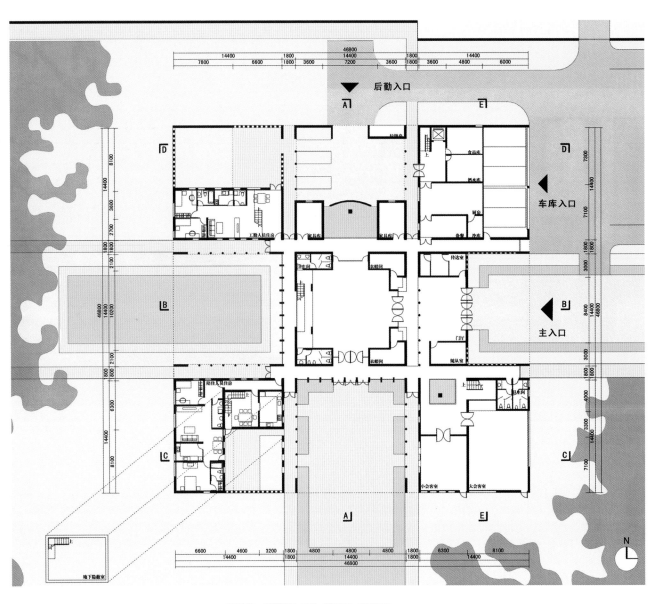

後勤入口

车库入口

主入口

工勤人员住房

陪住人员住房

地下隐蔽室

小会客室　大会客室

N

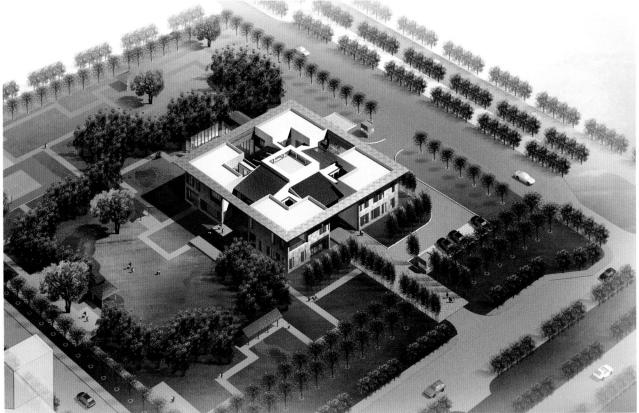

清泉城一期

项目名称：清泉城一期
设计单位：广东博意建筑设计院有限公司

技术经济指标
用地面积：9.73 公顷
总建筑面积：40500m²
容积率：0.42
建筑密度：22.40%
绿地率：36.39%
总户数：166 户
停车位：258 辆

项目概况

碧桂园清泉城位于广州的京珠高速佛港出口外，是继假日半岛之后碧桂园度假型物业全新力作，未来规划近万亩，首期拿地千余亩，是碧桂园近三年来在广州周边地区开发的最大的一个项目。全力将该项目打造为华南地区最好的旅游度假楼盘，该千亩大盘现已定位为度假型楼盘。

该项目位于山岭坡谷之中，千亩果园温泉环绕，环境优美。将旅游元素融入规划开发。户型全部量身定制，层高仅二至三层，设计将旅游度假元素融入整个规划。

设计特点

碧桂园清泉城的设计理念来源于有机建筑和景观建筑。本案即是在这二者的基础上重新定位人、建筑、环境三者关系的代表作品，使其更能融入岭南风情。

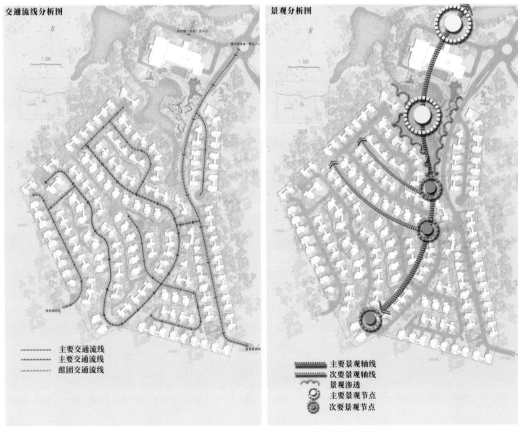

交通流线分析图

景观分析图

--------- 主要交通流线
--------- 主要交通流线
--------- 组团交通流线

主要景观轴线
次要景观轴线
景观渗透
主要景观节点
次要景观节点

一层平面图

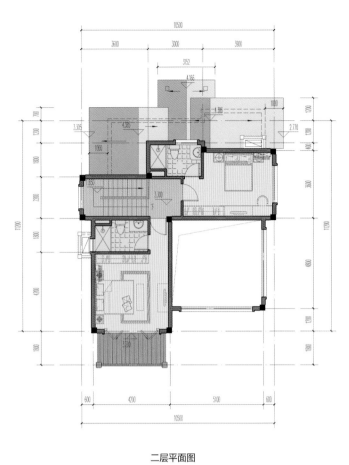

二层平面图

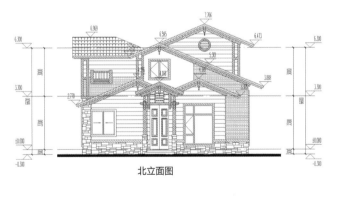

北立面图

西立面图

南立面图

东立面图

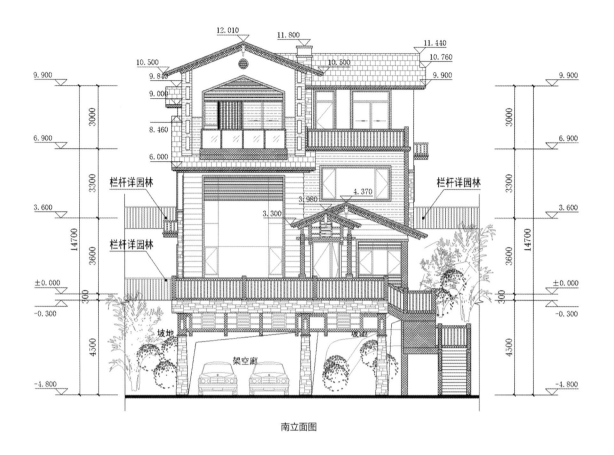

南立面图

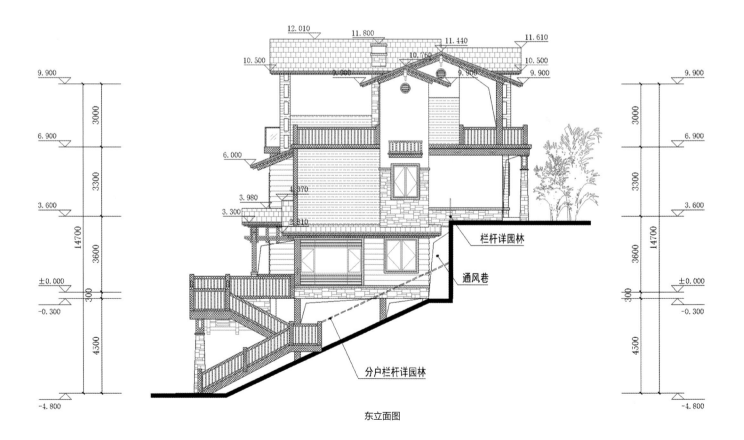

东立面图

北立面图

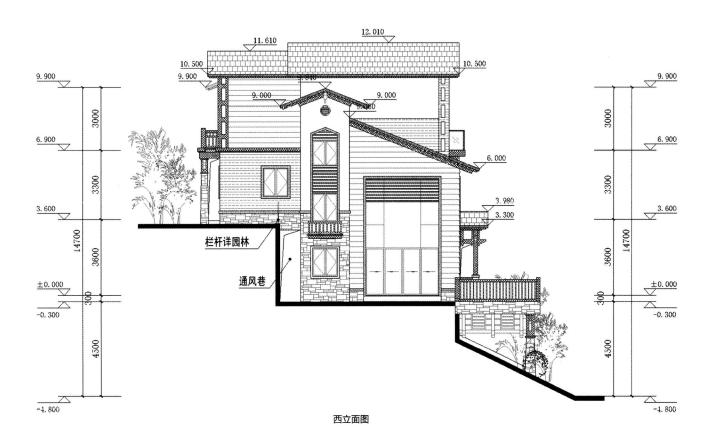

西立面图

栏杆详园林

通风巷

中梁滨江首府

项目名称：中梁滨江首府
开发单位：温州中梁通置业有限公司
设计单位：上海方大建筑设计事务所

技术经济指标
用地面积：65125m²
总建筑面积：159055m²
容积率：1.5
建筑密度：29.80%
绿地率：30.03%
总户数：594 户
停车位：891 辆

中梁滨江首府位于温州市瓯海区南湖地段，北临塘洋河，坐拥横河后河北岸，周边水系环绕，景观资源丰富，地理位置优越，是上海方大建筑设计事务所规划设计的又一力作。

中梁滨江首府是方大设计为战略合作伙伴中梁集团强势打造的新型"首府"系列。继方大设计开创的第一代首府"公寓设计别墅化"户型取得楼市神话后，本项目再次创新的"首府系列"第二代户型全面上升了产品优势，使住区内部景观与外部景观相得益彰。功能设计上更为人性化、享受化，被称为户型中的奥斯卡金牌户型，再次开创房地产设计未来城市开发的新水平。

中梁滨江首府采用方大设计首府原班团队，全面提升首府品质，打造温州主城仅有百亩低密度生态大盘。中梁滨江首府踞学院东延伸段，居导岸而搏于都市，左领 CBD 繁华，右享中国山水画般的自然意境。独占滨江七都价值鳌头。

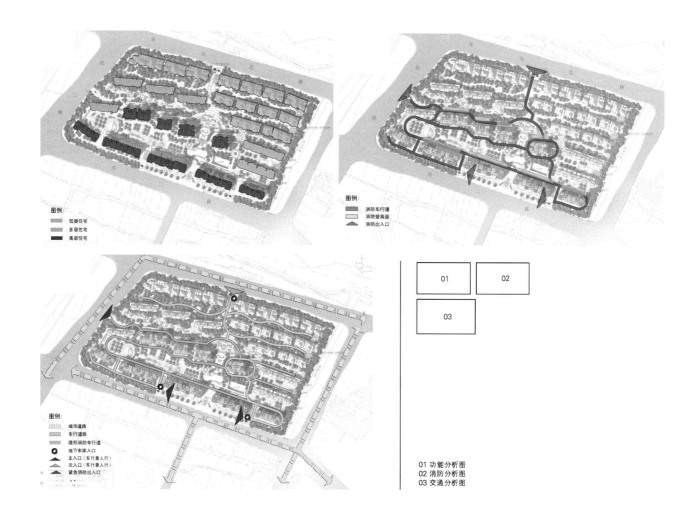

图例：
低层住宅
多层住宅
高层住宅

图例：
消防车行道
消防登高面
消防出入口

图例：
城市道路
车行道路
隐形消防车行道
地下车库入口
主入口（车行兼人行）
次入口（车行兼人行）
紧急消防出入口

| 01 | 02 |
| 03 | |

01 功能分析图
02 消防分析图
03 交通分析图

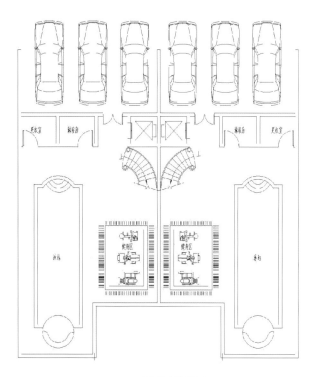

地下二层平面图

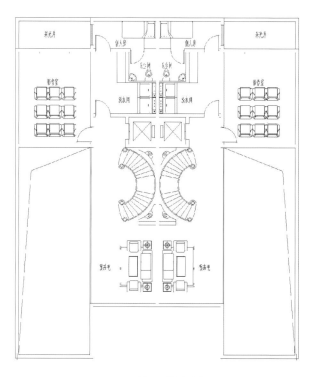

地下一层平面图

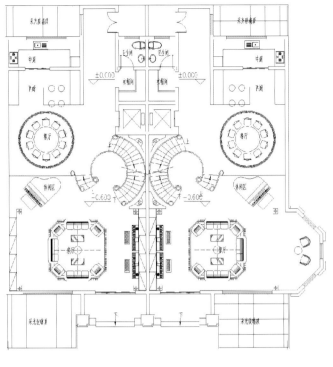

一层平面图

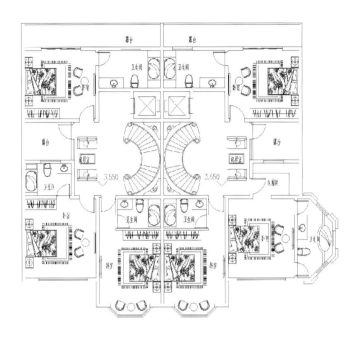

二层平面图

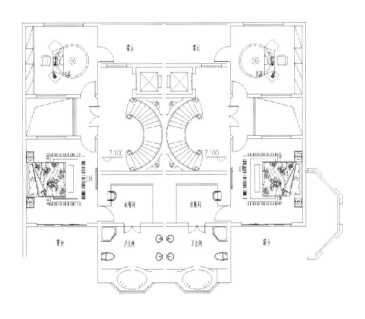

三层平面图

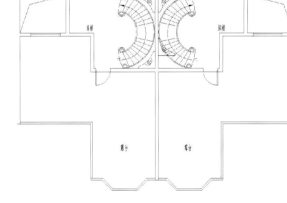

四层平面图

城堡叠墅作为"首府系"始创作品,其主打四大发明,五大突破更是体现了住宅户型的研发能力。独门独院、创新独立私家电梯独立入户,梦幻泳池,叠跃空间四大发明;三套房,四明卫,六朝南,六功能房,近100平方米三开间豪华客厅,整体空间布局近乎完美,媲美别墅级享受。

滨江首府首创流水坡地城堡,配备空中江景泳池、三大主题式私

家花园、男主人私人会所、女主人私人会所、儿童艺术沙龙等,豪华品质绝不亚于独栋别墅。

以生态化、休闲性、文化性为主题,营造主题社区。规划及建筑单体设计以摩纳哥风格为特色,营造一种异域风情,彰显一种文化品位生活。

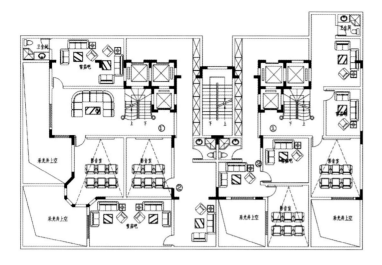

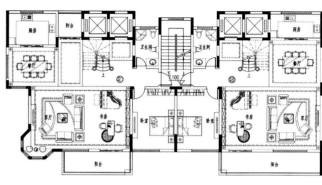

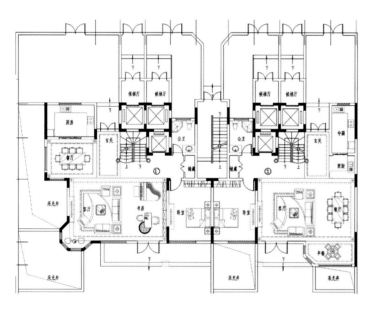

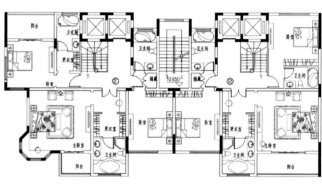

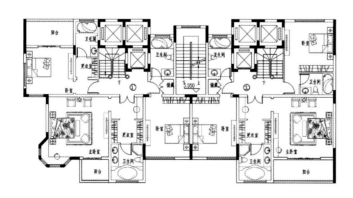

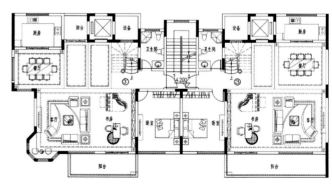

润地九墅

项目名称：润地九墅
开发单位：浙江润地置业有限公司
设计单位：TONTSEN 建筑设计事务所（美国）、上海方大建筑设计事务所

技术经济指标
用地面积：30018m²
总建筑面积：132516.27m²
容积率：3.5
建筑密度：27%
绿地率：30%
总户数：693 户
停车位：516 辆

润地·九墅位于温州市平阳县鳌江镇区，东、北两侧均临清澈的天然河道。总建筑面积 13.2 万平方米，是由上海方大建筑设计事务所携手浙江润地置业有限公司共同打造的一座城市高尚人居地标建筑。规划方案设计将新古典主义巧妙地融合于城市，以凸显建筑本身的环境优势和历史文化的传承。

规划设计上以围合式庭院手法，达到内外空间的呼吸交流模式，充分利用周边丰富的自然资源，提升每个住户的生态享受。

项目位于平阳县敖江镇昆鳌大道板块，规模达 10 万余平方米，秉承高端豪宅寓所理念，倾力打造龙鳌流域高品质大盘。在项目设计上，润地九墅的 9 栋高层建筑整体开发核心思想为建造"墅式公寓"项目，以别墅式的空间作为高层建筑的内在载体，无论是墅式前厅、墅式空中庭院、法式八角飘窗，还是前庭后院的景观视野对流格局等，当地都不曾有过的内部空间设计，将为鳌江乃至温州带来国际级高端公寓的空间设计视野，让鳌江拥有前所未有的生活模式。

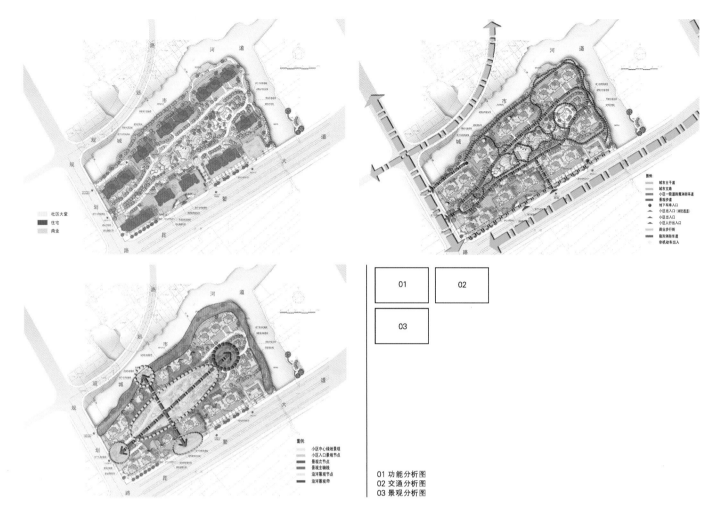

社区大堂
住宅
商业

图例：
城市主干道
城市支道
小区一级道路兼消防环道
景观步道
地下车库入口
小区出入口（消防通道）
小区出入口
小区人行出入口
商业步行街
最新消防新车道
非机动车出入

| 01 | 02 |
| 03 | |

图例：
小区中心绿地景观
小区入口景观节点
景观次节点
景观主轴线
沿河景观节点
沿河景观带

01 功能分析图
02 交通分析图
03 景观分析图

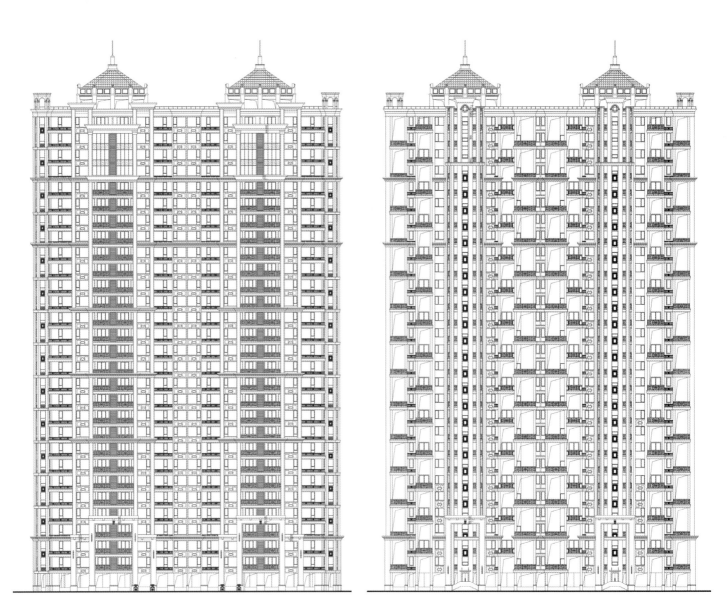

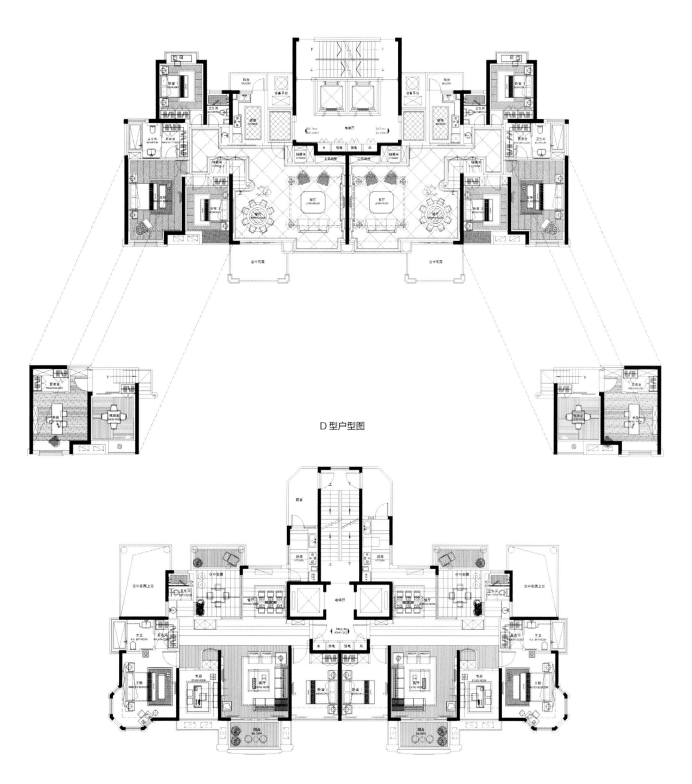

D 型户型图

C 型户型图

苏州建屋 2.5 产业园

项目名称：苏州建屋 2.5 产业园
开发单位：苏州工业园区建屋发展集团有限公司
设计单位：德国 FTA 建筑设计有限公司

技术经济指标
用地面积：115400m²
总建筑面积：229589.41m²
容积率：1.58
建筑密度：31.5%
绿地率：30%
停车位：1750 辆

区位分析

苏州工业园区于 1994 年 2 月经国务院批准设立，同年 5 月实施启动。行政区划 288 平方公里，其中，中新合作区 80 平方公里，下辖三个镇，户籍人口 32.7 万（常住人口 72.3 万。作为苏州东部新城，园区将建设成为苏州市现代化新城区和苏州中央商务区。

根据区域发展总体目标，中新双方专家融合国际城市发展的先进经验，联合编制了科学超前的区域总体规划和详细规划，科学布局工业、商贸、居住等各项城市功能，先后制定和完善了 300 多项专业规划，并确立了"先规划后建设，先地下后地上"的科学开发程序，形成了"执法从严"的规划管理制度。

苏州是历史文化名城，它紧邻上海，依托浦东发展，一跃成为中国东部沿海的发达城市，是中国最有影响力的工业中心之一。苏州工业园区位于苏州古城东侧，通过周边发达的高速公路、铁路、水路及航空网与中国和世界的各主要城市相连。

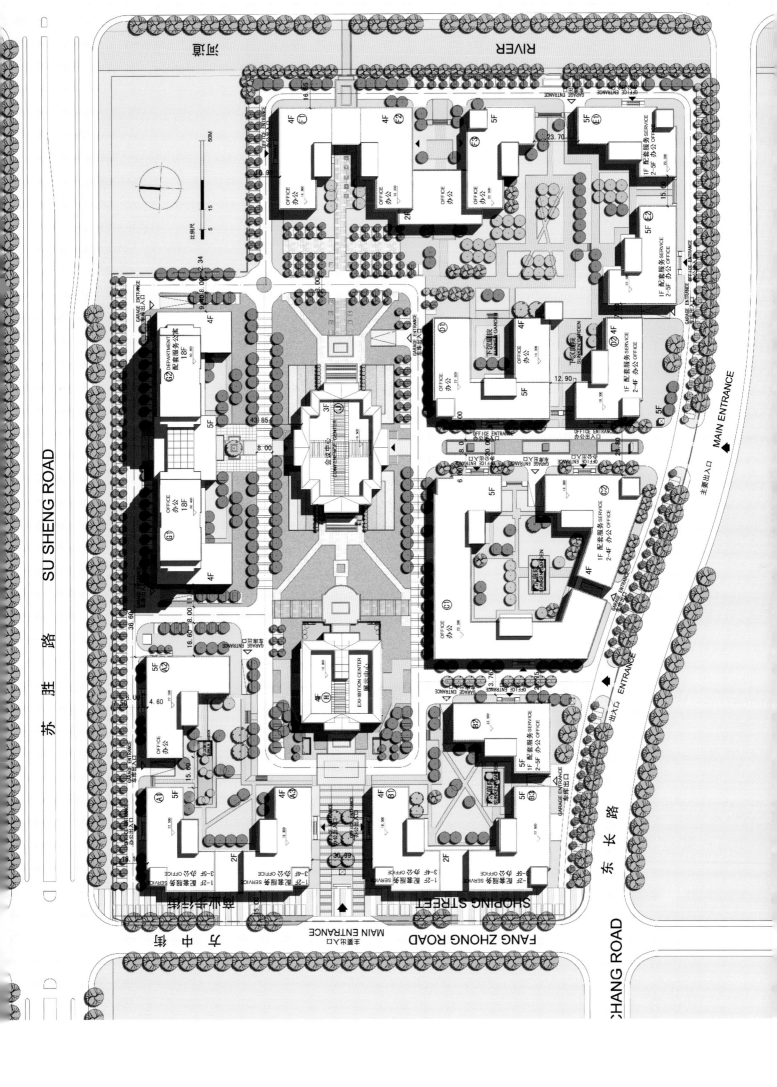

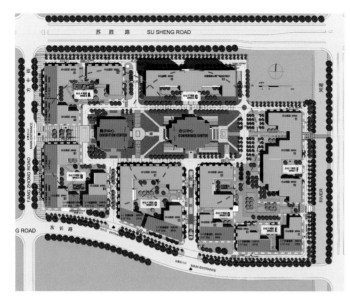

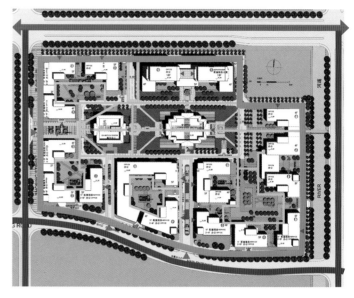

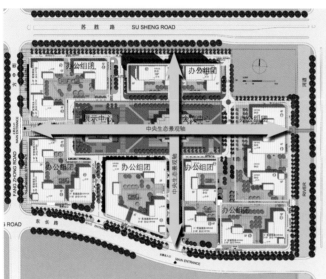

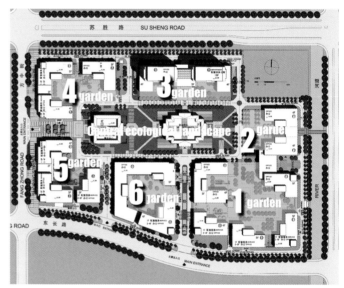

地下车库平面图

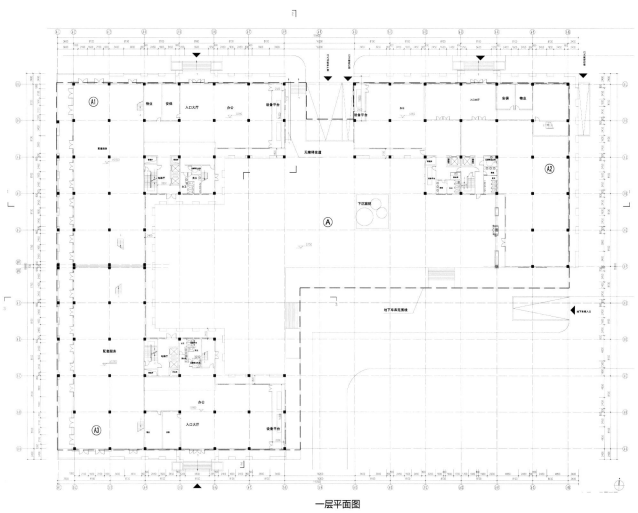

一层平面图

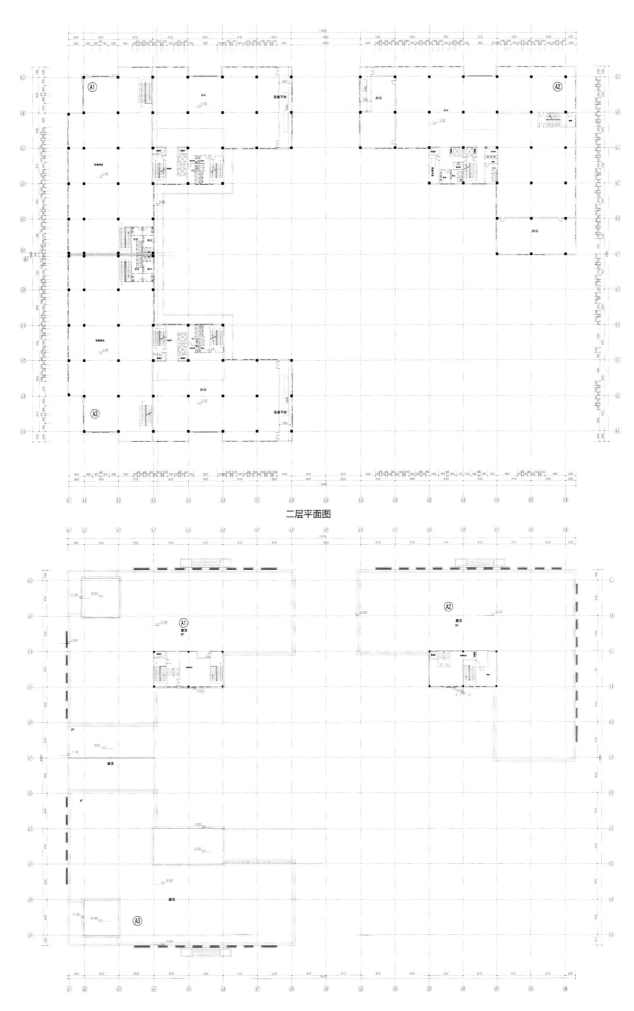

二层平面图

设备层平面图

东立面图

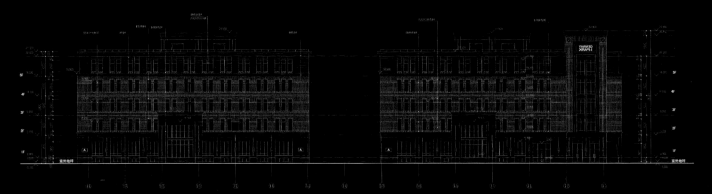

北立面图

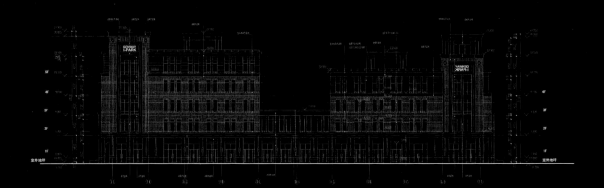

西立面图

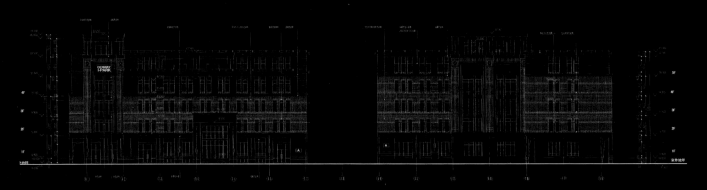

南立面图

龙湖时代天街

项目名称：龙湖时代天街
设计单位：中国建筑设计研究院

技术经济指标

用地面积：250423.78m²
总建筑面积：672311m²
容积率：2.80
建筑密度：42%
绿地率：30%
总户数：2418 户
停车位：3860 辆

工程概况

龙湖大型商业住宅项目为龙湖地产有限公司投资建设的集商业、商业综合楼、住宅为一体的城市综合体项目。项目位于大兴区南六环外京开高速西侧，地铁大兴线生物医药基地站位于项目地块内。项目用地北至永大路，南至永兴路，西至天水大街，东至规划新源东街。

设计理念

方案设计中考虑到城市空间的关联，将四层大型商业及两层底商临新源大街西、东两侧展开布置，创造商业空间和城市空间的互动关系。在西地块内部设置内街，临内街设置二至四层底商和高层商业综合楼与大型商业通过局部空中连廊连接，营造积极活泼的城市商业空间。东地块住宅楼与商业等公建完全脱开设置，减少公建对住宅品质的影响。

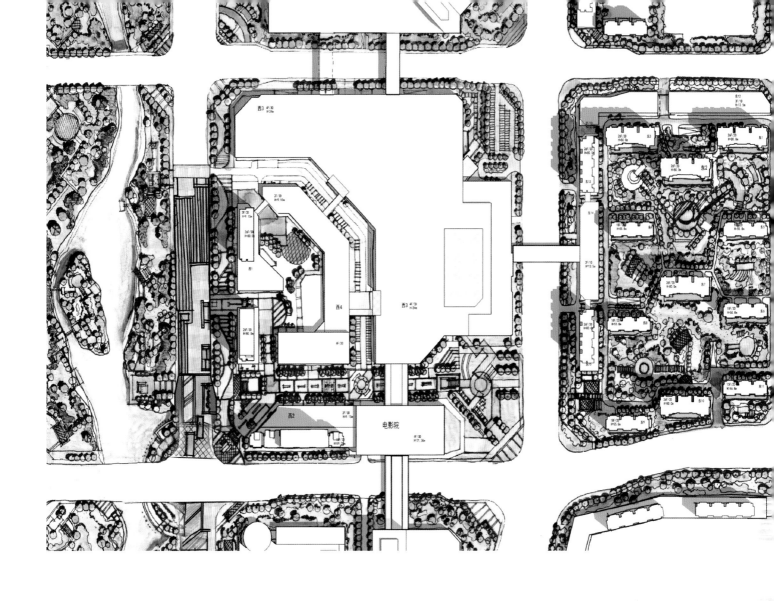

三亚海棠湾红树林七星度假酒店

项目名称：三亚海棠湾红树林 7 星度假酒店
设计单位：泽碧克（北京）建筑设计咨询有限公司

技术经济指标
用地面积：215549m²
总建筑面积：218283.5m²
容积率：0.51
建筑密度：6%

项目概况

该项目基地位于海南海棠湾中部东隅沙坝酒店地带核心位置：东临南海及人造岛礁，拥有对蜈支洲岛优越的视线；西靠指状湿地，贯穿全岛的滨海景观道提供良好的可达性；南北两侧规划大尺度开放空间，为本项目提供了独特的私密与独享性，同时创造了更好的面海视野。本项目场地规划内容为滨海七星级度假会议酒店，总占地面积约 21 公顷，总建筑面积约 115,701 平方米，建筑限高要求不低于 120 米，明显高于周边其他开发，将形成区域内体量高度上独特的地标性建筑．

设计理念

东南亚首座 7 星级度假酒店以近 180 米的面宽全套房定位拥抱一线海景。基地东南角为阶梯状叠落的湿地湖，西岸和北两岸延湖错落布置了 15 所水疗别墅。水疗别墅的东端，靠近酒店主楼的位置为高档水疗会所，包含水疗、美容、泳池等设施。用地东北侧设置了海景别墅区，25 套别墅依地势而下，面对海景。别墅东侧是人工湖和湖心岛，岛上为总统别墅。主楼轴线向蜈支洲岛方向略转，面对以热带风情为主题的核心景观区，设有景观水景和游泳池。酒店主楼造型设计独特，共客房 640 间，别墅 25 套，水疗别墅 15 套，总统别墅 1 套，将为游客提供前所未有的度假体验。

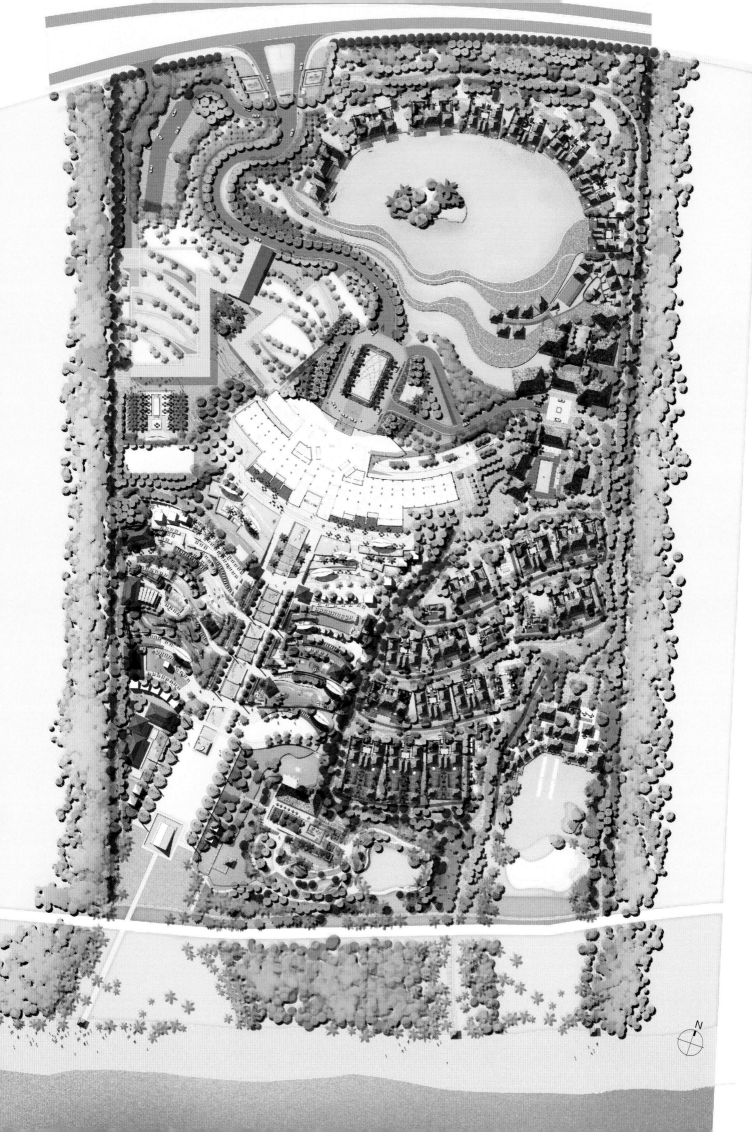

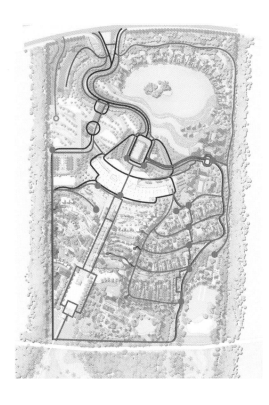

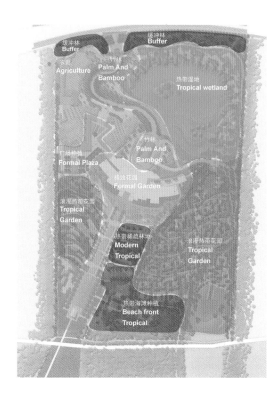

入口车道 Entrance Road
Golf车道 Golf Cart Service
服务通道 Service Drive
消防通道 EVA
人行通道 Main Pedestrian Link
高尔夫接送车停靠点 Golf-Cart Pick up Point

缓冲林 BUFFER
农田 AGRICULTURAL
竹林 PALM AND BAMBOO
热带湿地/绿色台地 TROPICAL WETLAND / GREEN TERRACE
广场种植 FORMAL PLAZA
精致花园 FORMAL GARDEN
热带稀疏林地 MODERN TROPICAL
热带海滩种植 BEACH FRONT TROPICAL
浪漫热带花园 TROPICAL GARDEN

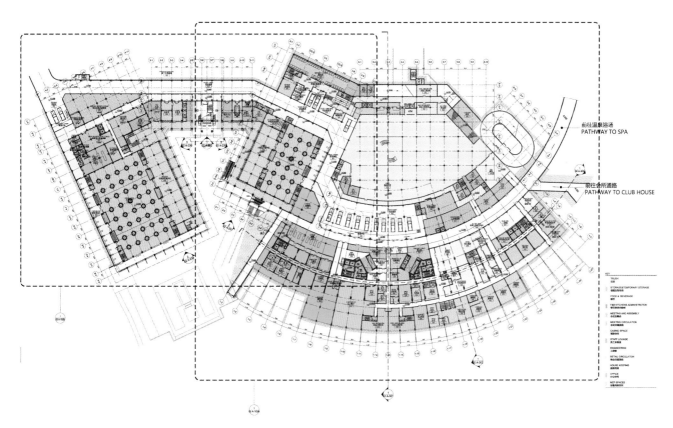

地下一层平面图

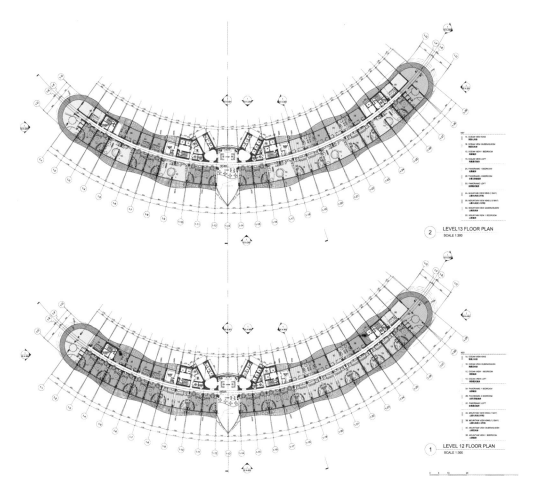

12-13 层平面图

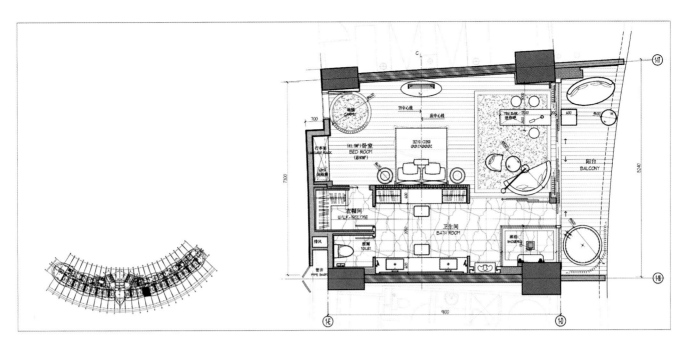

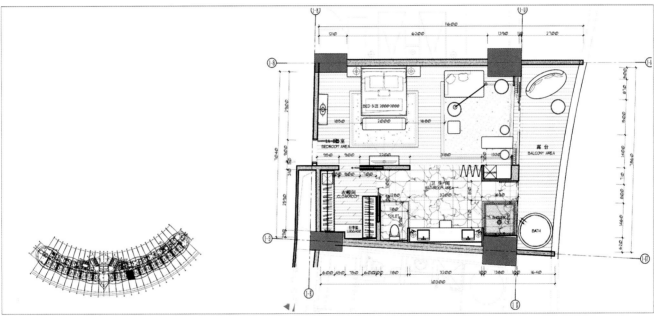

酒店户型平面图

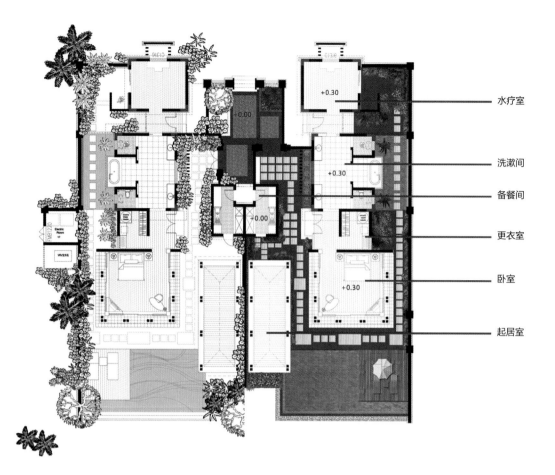

水疗室

洗漱间

备餐间

更衣室

卧室

起居室

C 户型平面图

洗漱间

备餐间

更衣室

卧室

起居室

E 户型平面图

重庆隆鑫鸿府居住社区

项目名称：重庆隆鑫鸿府居住社区
设计单位：泽碧克（北京）建筑设计咨询有限公司

技术经济指标
用地面积：151308.5m^2
总建筑面积：393916m^2
容积率：2.0
建筑密度：30%
绿地率：30%
总户数：2054 户
停车位：2183 辆

项目概况

本项目建设用地面积约为151308.5平方米，建筑容积率为2.0，是中等密度的高低层混合居住区建筑设计项目。地块西侧是机场高速路及其绿化隔离带，东侧为环保路金石小区，北侧是市政高压电缆保护用地，南侧定点是机场路与现有城市道路的交叉口。地块标高从 261 到 311 之间。居住用地由北至南分为 A1、A2两个分区：A1 区为封闭式管理的居住区，A2 区为城市商业带，

由高层住宅和沿街配套商业组成。A2 区有城市管涵穿过。按任务要求在建筑红线内共布置 52 栋低层住宅，车库、配套商业服务设施等。

鉴于本居住区紧邻机场高速路，建筑的总体规划和设计必须满足居住小区功能和城市景观要求，以及建筑本身的特色品质，功能上打造品质园林式的住宅小区，创造良好的居住环境、因此，必须具有良好的城市空间和建筑景观形象。

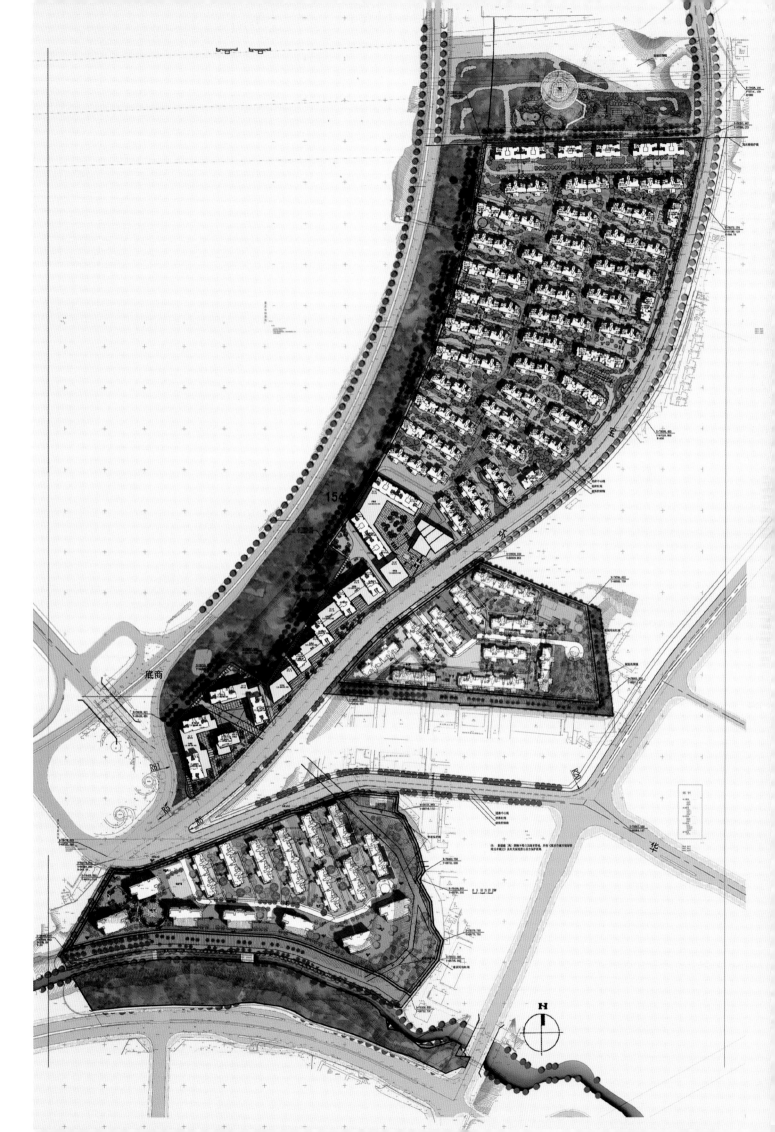

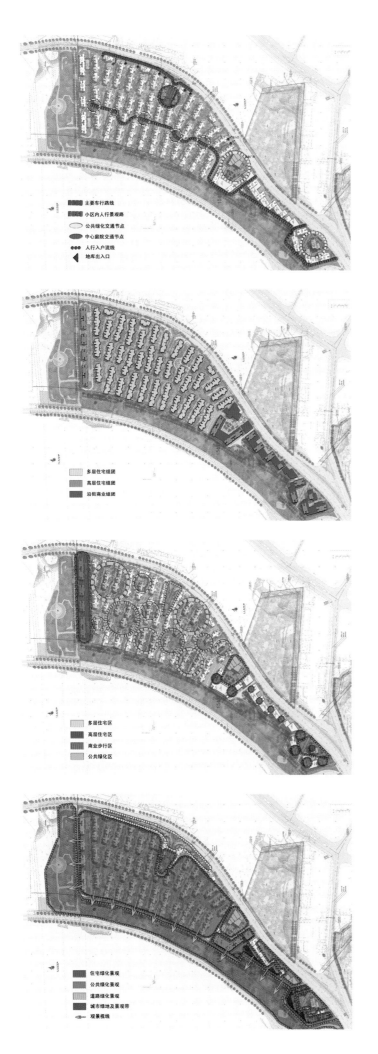

主要车行路线
小区内人行景观路
公共绿化交通节点
中心庭院交通节点
人行入户流线
地库出入口

多层住宅组团
高层住宅组团
沿街商业组团

多层住宅区
高层住宅区
商业步行区
公共绿化区

住宅绿化景观
公共绿化景观
道路绿化景观
城市绿地及景观带
观景视线

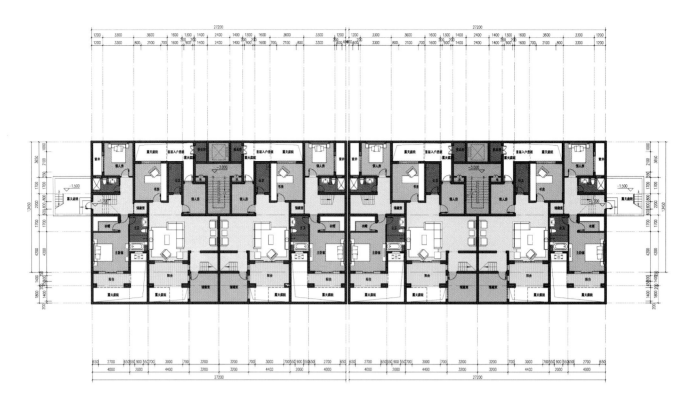

B-1、B-3、B-15 栋负一层夹层平面图

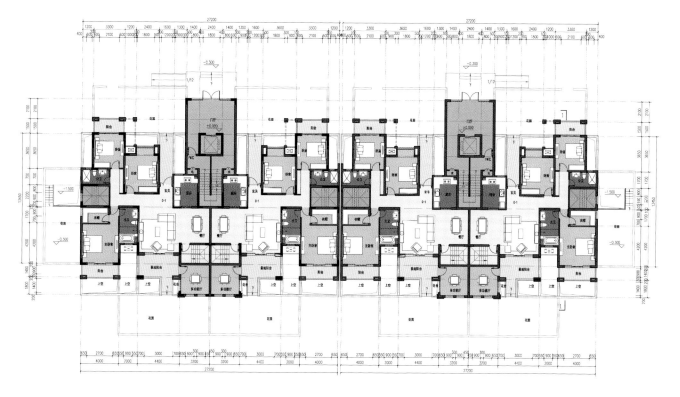

B-1、B-3、B-15 栋一层平面图

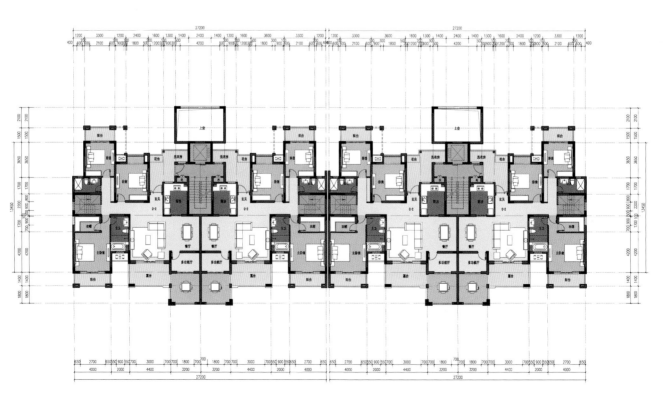

B-1、B-3、B-15 栋二层平面图

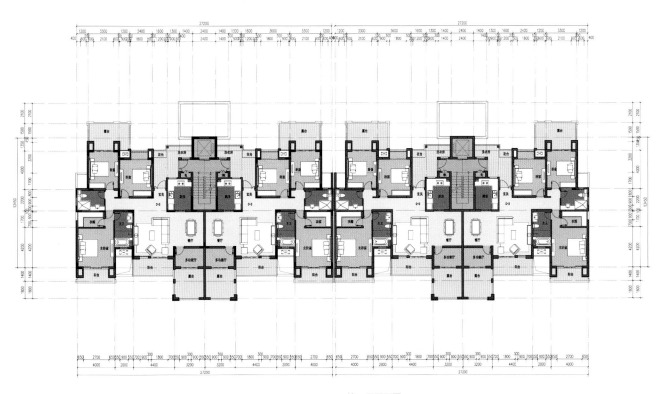

B-1、B-3、B-15 栋三层平面图

典型户型首层上跃平面图

典型户型首层下跃地下一层平面图

典型户型上跃二层平面图　　　　　　　　　　　典型户型下跃地下一层平面图

沙河汇通雅居住宅小区

项目名称：沙河汇通雅居住宅小区
设计单位：东方华脉建筑设计咨询有限责任公司

东区技术经济指标
用地面积：37150m²
总建筑面积：113430m²
容积率：2.6
建筑密度：25%
绿地率：38%
总户数：661户
停车位：349辆

西区技术经济指标
用地面积：37698m²
总建筑面积：112950m²
容积率：2.5
建筑密度：25%
绿地率：37%
总户数：630户
停车位：391辆

项目概述

用地地点：地块位于普通店南街南侧，新兴路东侧，沙河市行政新区行政办公中心西北侧。

西区用地面积：总占地面积 78.50 亩，道路占地面积 21.95 亩，实占地面积 56.55 亩（其中绿线占地面积 3.64 亩）

公园占地面积：总占地面积 35.57 亩，道路占地面积 11.66 亩，实占地面积 23.91 亩。

东区用地面积：总占地面积 68.23 亩，道路占地面积 22.1 亩（其中绿线占地面积 4.90 亩）

地形条件：地势相对平整。

周边概况：项目用地周边基本为待开发状态。地理环境优越，紧邻行政办公中心。未来配套设施全面且东南方向有沙河市第一中学。

交通情况：基地四面临路，道路交通系统设置合理便捷。

熟褐色高档仿石涂料　　　　　米黄色高档仿石涂料　　　　　灰色高档仿石涂料

1#、5# 楼标准层平面图

2#、3#、6#、7# 楼标准层平面图

8# 楼标准层平面图

10# 楼标准层平面图

邯郸滏阳河景观及酒吧街

项目名称：邯郸滏阳河景观及酒吧街
设计单位：元正（天津）建筑设计有限公司

东区技术经济指标

用地面积：37150m²
总建筑面积：113430m²
容积率：2.6
建筑密度：25%
绿地率：38%
总户数：661户
停车位：349辆

方案从滏阳河对于邯郸市的重要意义出发，充分发掘滏阳河的城市景观价值，通过打造具有独特风格与特色的滨水空间，以打造酒吧街的形式为特色，将原有的自发的自然式游玩变成一种自觉而有序的旅游，通过对河岸绿化，滨水道路的规划，码头的配置，软硬地面的组织，充分完善和提高滨水空间的整体环境及配套设施，形成优良的城市景观与景观休憩公共绿地。

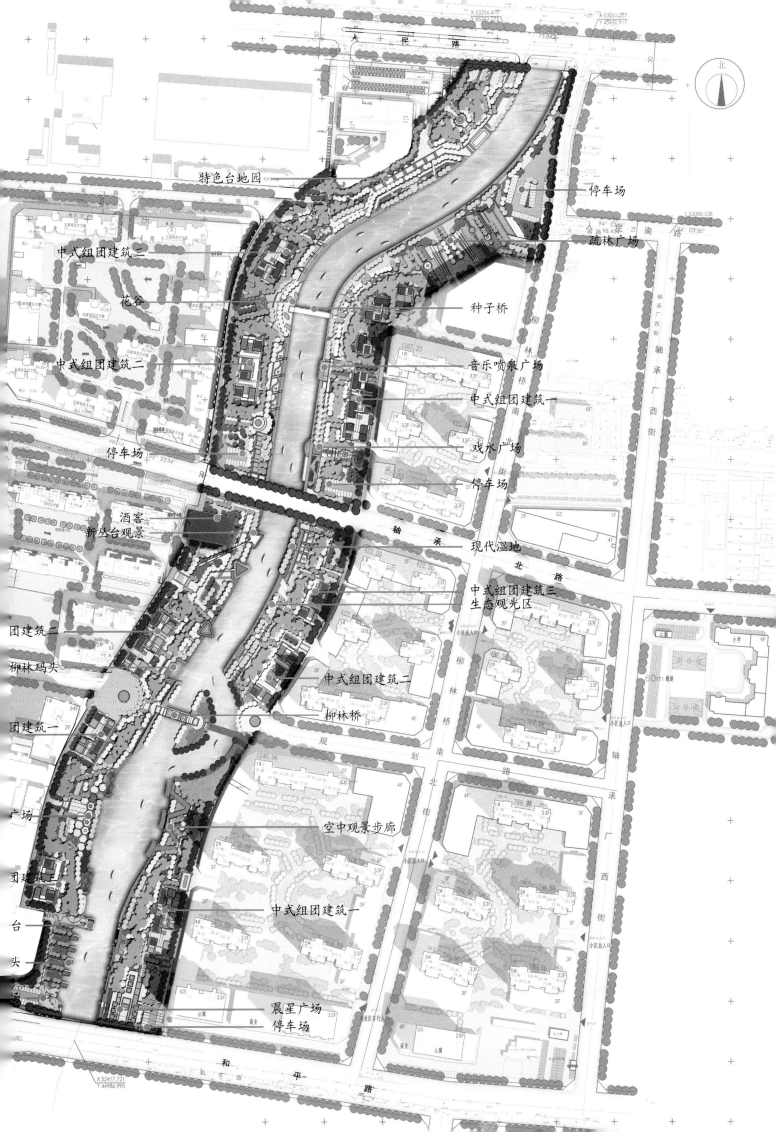

特色台地园

停车场

疏林广场

中式组团建筑三

花谷

种子桥

中式组团建筑二

音乐喷泉广场

中式组团建筑一

戏水广场

停车场

停车场

酒窖
新丛台观景

现代湿地

团建筑二

中式组团建筑三
生态观光区

柳林码头

团建筑一

中式组团建筑二

柳林桥

广场

空中观景步廊

团建筑三

中式组团建筑一

台
头

晨星广场
停车场

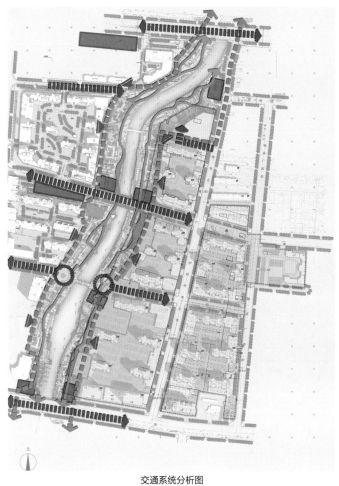

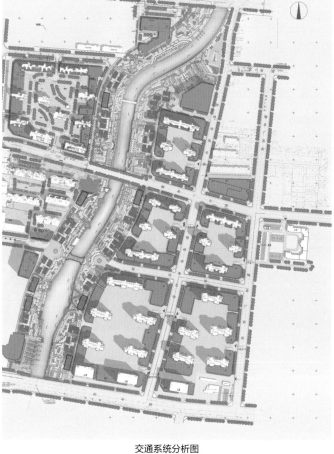

交通系统分析图 交通系统分析图

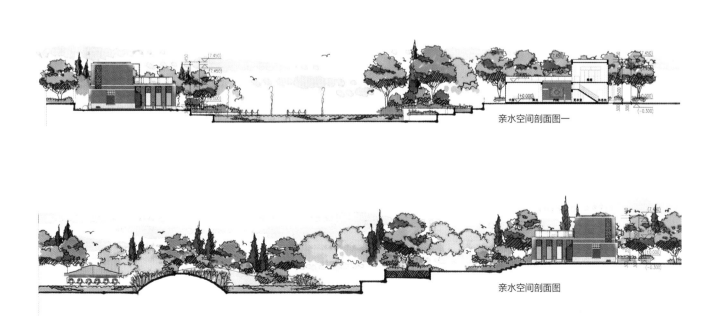

亲水空间剖面图一

亲水空间剖面图

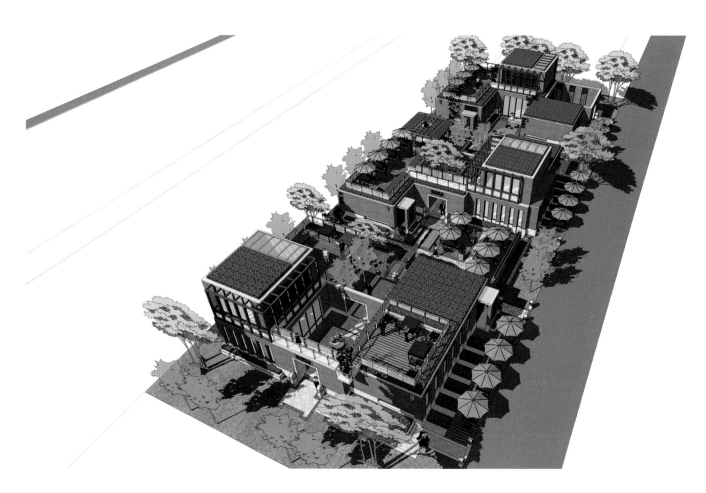

91

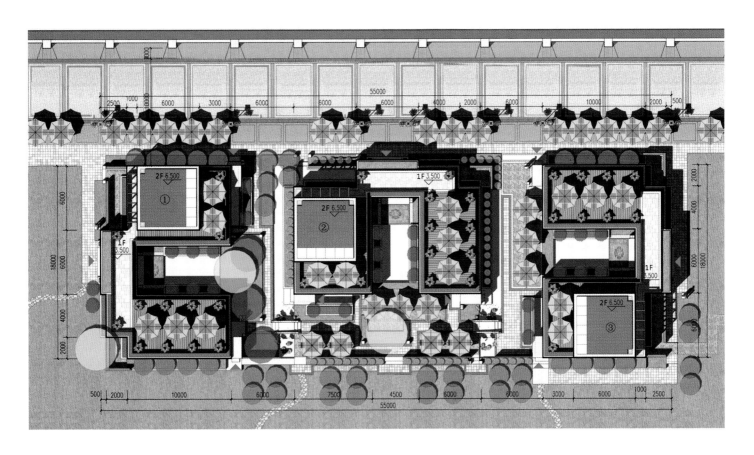

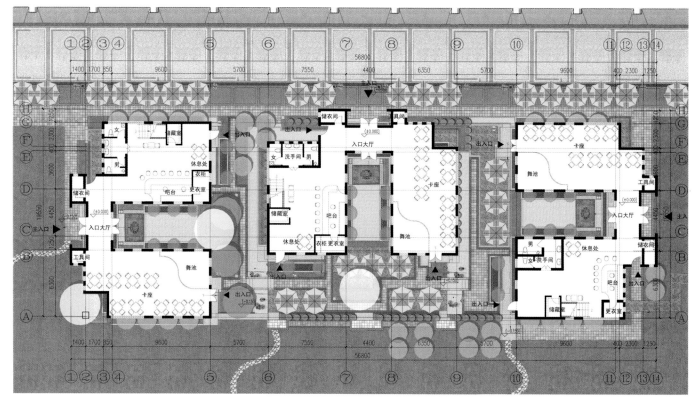

首层平面图

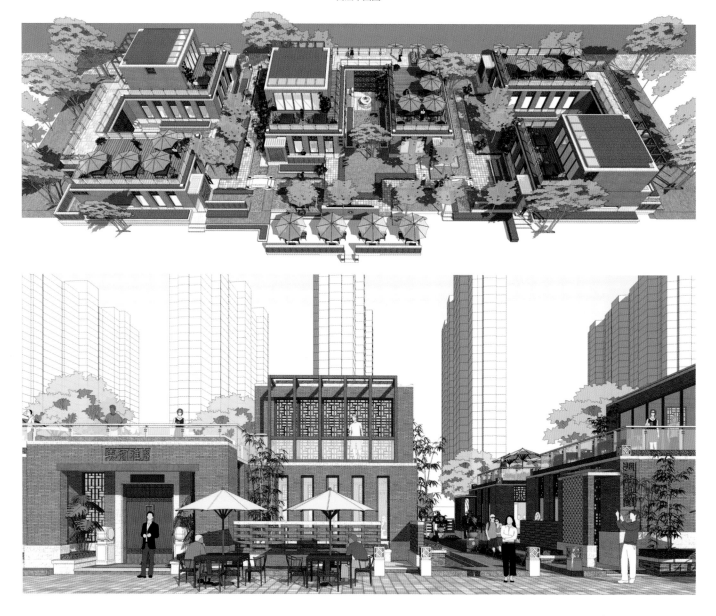

2012 获奖名单 | 2012 AWARD LIST

项目名称	奖项	规划设计单位	开发建设单位
教育部材料服役安全科学中心东、西区	建筑金奖	清华大学建筑设计研究院有限公司	北京科技大学
中国驻德国大使馆官邸新建工程	建筑金奖	同济大学建筑设计研究院（集团）有限公司	中华人民共和国外交部
中国移动福建公司生产指挥调度中心	建筑金奖	江苏省邮电规划设计院有限责任公司	中国移动福建公司
友庆兰亭	建筑金奖	四川省大卫建筑设计有限公司	成都隆博投资有限公司（国企）
伊金霍洛旗影剧院	建筑金奖	中国建筑设计研究院	伊金霍洛旗政府投资工程基本建设领导小组办公室
徐州欧庄锦绣四季居住区	建筑金奖	清华大学建筑设计研究院有限公司	徐州国盛阳光资产管理有限公司
馨华·南湖天下	建筑金奖	大地建筑事务所（国际）	杭州馨华园房地产开发有限公司
西安民用航天产业基地五星级酒店	建筑金奖	BAKH_Architecture	陕西普宇实业有限公司
西安经开医院	建筑金奖	中联西北工程设计研究院	西安广仁医疗投资管理公司
武汉中北路项目	建筑金奖	上海现代建筑设计（集团）有限公司规划建筑设计院	武汉正堂置业有限公司
武汉武昌工人文化宫	建筑金奖	上海泛巢建筑设计事务所	武汉市总工会武昌工人文化宫
吴江中学新校区方案设计	建筑金奖	中国建筑设计研究院　吴江中学	
蔚蓝·海语印象	建筑金奖	中元国际（海南）工程设计研究院	海南蔚蓝江南置业有限公司
天祝藏族自治县博物馆	建筑金奖	兰州理工大学建筑勘察设计院	天祝藏族自治县博物馆
天保国际商务园 B 区	建筑金奖	天津市建筑设计院、德国 GMP 国际建筑设计有限公司	天津天保建设发展有限公司
天保国际商务园 A 区	建筑金奖	天津市建筑设计院、德国 GMP 国际建筑设计有限公司	天津天保建设发展有限公司
世界华侨华人社团联合总会大厦	建筑金奖	河北易筑工程设计有限公司	世侨融通天津投资有限公司
神木职业技术学院图文信息中心	建筑金奖	中联西北工程设计研究院	神木县教育局
陕西山昊利兹翰宫	建筑金奖	陕西省建筑设计研究院有限责任公司	陕西山昊实业有限公司
山西省盂县锦绣城小区	建筑金奖	山西中创建筑设计有限公司	山西省盂县民生房地产开发有限公司
瑞斯康达科研大厦	建筑金奖	清华大学建筑设计研究院有限公司	瑞斯康达科技发展股份有限公司
荣新·江南半岛	建筑金奖	四川远建建筑工程设计有限公司	四川省荣新房地产开发有限公司
曲阜火炬大厦	建筑金奖	清华大学建筑设计研究院有限公司	北京火炬创新科技发展有限公司
青岛市经济技术开发区综合展馆	建筑金奖	青岛腾远设计事务所有限公司	青岛城市建设投资（集团）有限责任公司
青岛高新区小学	建筑金奖	青岛腾远设计事务所有限公司	青岛市高新区管委会
秦皇岛北城一号	建筑金奖	元正（天津）建筑设计有限公司	秦皇岛市瀚升房地产开发有限公司、秦皇岛煜明房地产集团有限公司
南宁市综合档案馆（含南宁市地方志馆）	建筑金奖	广西华蓝设计（集团）有限公司	南宁市威宁资产经营有限责任公司
内蒙古乌海市香榭丽舍住宅项目	建筑金奖	深圳奥意建筑工程设计有限公司	内蒙古蒙西房地产开发有限公司
柳湖乡保丰村村民安置小区	建筑金奖	平凉市规划建筑勘测设计有限责任公司	平凉市崆峒区柳湖乡保丰村
连城小区	建筑金奖	中机国际工程设计研究院有限责任公司	长沙纵横置业发展有限公司
江苏淮安"天台中邦广场"	建筑金奖	上海市建工设计研究院有限公司	莲森集团
会昌展示中心	建筑金奖	上海华都建筑规划设计有限公司	深圳市康居投资发展有限公司
红星·美凯龙全球家居生活 MALL（莆田店）	建筑金奖	九源（北京）国际建筑顾问有限公司	福建帝源置业有限公司
海亮明珠	建筑金奖	安徽地平线建筑设计事务所有限公司	安徽海亮房地产有限公司
海淀区行政服务中心	建筑金奖	北京鑫海厦建筑设计有限公司	北京市海淀区政府
贵州赤水红军烈士陵园展陈馆	建筑金奖	贵阳建筑勘察设计有限公司西线建筑规划设计研究院	贵州省赤水市旅游开发投资有限公司
广西铜鼓博物馆	建筑金奖	广西华蓝设计（集团）有限公司	广西城建投资集团有限公司
广西体育中心二期项目	建筑金奖	广西华蓝设计（集团）有限公司	南宁市威宁资产经营有限责任公司
格林风范城二期 A 地块	建筑金奖	上海日清建筑设计有限公司	金地集团
赣州自然博物馆	建筑金奖	清华大学建筑设计研究院有限公司	赣州城市开发投资集团有限责任公司
福州万科金域榕郡	建筑金奖	上海日清建筑设计有限公司	万科集团
福建省直单位五四北社会保障性住房工程	建筑金奖	福建省建筑设计研究院	福建省人民政府机关事务管理局
佛冈碧桂园清泉城	建筑金奖	广东博意建筑设计院有限公司	广东碧桂园物业发展有限公司
翡翠国际社区第四期项目	建筑金奖	上海大椽建筑设计事务所（普通合伙）	四川恒邦房地产开发有限公司
恩马·文景园	建筑金奖	青岛市旅游规划建筑设计研究院	青岛海洋物业发展有限公司
恩格贝沙漠科学馆	建筑金奖	内蒙古工大建筑设计有限责任公司	鄂尔多斯恩格贝生态建设示范区
鄂托克前旗上海庙文化中心	建筑金奖	中国建筑设计研究院	鄂托克前旗开发区

2012 获奖名单 ｜ 2012 AWARD LIST

项目名称	奖项	规划设计单位	开发建设单位
鄂尔多斯画院	建筑金奖	中国建筑设计研究院	东方路桥地产有限公司
定西市安定区南山根安居小区	建筑金奖	甘肃省城乡规划设计研究院	定西市安定区住房和城乡建设局
大同华唐郎豪酒店及商业综合体	建筑金奖	清华大学建筑设计研究院有限公司	大同华唐房地产有限责任公司
崇礼·密苑生态旅游度假产业示范区	建筑金奖	中国电子工程设计院、北京时空筑诚建筑设计有限公司	三道沟（张家口）旅游胜地有限公司
赤峰体育中心	建筑金奖	中国建筑设计研究院	赤峰市体育局
成悦公馆	建筑金奖	深圳市建筑设计研究总院有限公司	贵州成悦房地产开发有限公司
成都龙湖世纪峰景三期	建筑金奖	重庆卓创国际工程设计有限公司	成都龙湖地产
沧州管业大厦五星级酒店	建筑金奖	北京市喜邦国际工程设计顾问有限公司	沧州建投管业大厦有限公司
北京怀柔龙山东路东侧多功能建设项目	建筑金奖	清华大学建筑设计研究院有限公司	北京安宝房地产开发有限公司
北京国棉文化创意产业园	建筑金奖	中国电子工程设计院、北京时空筑诚建筑设计有限公司	北京国棉文化创意发展有限公司
安康莲花大酒店	建筑金奖	中联西北工程设计研究院	陕西莲花实业（集团）总公司
安东石油天津滨海新区总部基地项目	建筑金奖	英联达奇（北京）国际工程顾问有限公司	天津安东投资管理有限公司
中捷商业街	建筑金奖	上海华都建筑规划设计有限公司	中捷商业街
中国航天集团第十一研究院空气动力实验楼	建筑金奖	九源（北京）国际建筑顾问有限公司	中国航天科技集团公司第十一研究院
银亿·上上城	建筑金奖	北京市建筑设计研究院有限公司	宁波银亿房地产开发公司
康辉浙江西塘旅游度假项目	规划金奖	昂塞迪赛（北京）建筑设计有限公司	首旅集团／康辉旅行社
安徽省金寨一中新校区	规划金奖	合肥工业大学建筑设计研究院	安徽省金寨一中
包头水岸花都住宅小区方案设计	规划金奖	天津博瑞易筑建筑设计有限公司	包头市滨河置业有限责任公司
宝丰绿洲	规划金奖	甘肃省城乡规划设计研究院	甘肃宝丰房地产开发有限公司西宁分公司
北京市三间房乡商业金融用地项目	规划金奖	中国建筑设计研究院	北京智地普惠房地产开发有限公司
北师大励耘实验学校中学部	规划金奖	五洲工程设计研究院	北京市石景山区教委
本溪千金棚户区改造一期工程	规划金奖	清华大学建筑设计研究院有限公司	本溪钢铁（集团）房地产开发有限责任公司
成都金融总部商务区核心区修建性详细规划	规划金奖	华东建筑设计研究院有限公司	成都金融投资发展有限责任公司
承德市滦河镇回迁楼工程	规划金奖	承德市建筑设计研究院有限公司	蓝锐森房地产开发有限公司
川西林盘聚落保护与更新项目	规划金奖	四川省大卫建筑设计有限公司	都江堰市村镇建设局
大连市站北区域城市设计	规划金奖	华东建筑设计研究院有限公司	大连市西岗区人民政府
德州经济开发区大王村庄安置社区设计方案	规划金奖	青岛绿城建筑设计有限公司	德州市政府
定西市渭源县昕陇家苑	规划金奖	兰州理工大学建筑勘察设计院	定西市聚业房地产开发有限公司
鄂尔多斯伊旗学校规划及建筑设计方案	规划金奖	清华大学建筑设计研究院有限公司	鄂尔多斯伊金霍洛旗教育局及体育局
贵阳市百花生态新城战略规划	规划金奖	贵州省建筑设计研究院	贵阳市百花新城规划建设领导小组办公室
贵州独山大学城	规划金奖	贵阳建筑勘察设计有限公司西线建筑规划设计研究院	贵州省独山县政府大学城项目部
海南文昌八门湾绿道详细规划	规划金奖	广东省城乡规划设计研究院	文昌旅游投资控股公司
函谷关历史文化风景旅游区设计	规划金奖	陕西省城乡规划设计研究院	灵宝市函谷关历史文化旅游区管理处
杭州 西溪海港城	规划金奖	河北建筑设计研究院有限责任公司上海分公司	浙江蓝德置业发展有限公司
航头基地三号地块（南馨佳苑）	规划金奖	同济大学建筑设计研究院（集团）有限公司	上海欣南房地产开发有限公司
合肥市滨湖新区滨湖菊园住宅小区	规划金奖	合肥工业大学建筑设计研究院	合肥市滨湖新区建设投资有限公司
河北沙河汇通雅居住宅小区规划设计方案	规划金奖	北京东方华脉工程设计有限公司	沙河市中辰房地产开发普陌公司
河南省开封市古城区1-2地块	规划金奖	同济大学建筑设计研究院（集团）有限公司	开封市宋都古城建设投资有限公司
菏泽市东明县东明湖片区规划	规划金奖	济南市规划设计研究院	山东省房地产开发集团总公司
衡水市枣强县中心城区城市设计	规划金奖	中国建筑技术集团有限公司	衡水市枣强县人民政府
红山·万和城住宅小区	规划金奖	甘肃省城乡规划设计研究院	兰州铁路局
宏发上域花园	规划金奖	深圳奥意建筑工程设计有限公司	深圳宏发房地产开发有限公司
惠通家园小区工程	规划金奖	中国石油天然气管道工程有限公司	中国石油天然气管道局矿区服务事业部
济南市公租房项目—西蒋峪片区规划设计	规划金奖	济南市规划设计研究院	济南市城市建设投资有限公司
昆明寻甸山地新城·三月三片区	规划金奖	青岛易境工程咨询有限公司	昆明福阳房地产开发有限公司
昆山花桥国基信息城	规划金奖	德国FTA建筑设计有限公司	昆山花桥国基信息城
兰州市安宁区孔家崖街道城中村重建项目	规划金奖	甘肃省城乡规划设计研究院	安宁区城中村改造领导小组办公室

项目名称	奖项	规划设计单位	开发建设单位
廊坊新朝阳广场	规划金奖	元正（天津）建筑设计有限公司	廊坊双力地产公司
两江国际	规划金奖	建筑综合勘察研究设计院有限公司、深圳市三境建筑设计事务所	成都重投九华实业有限公司
辽宁盘锦馨悦住宅小区规划方案设计	规划金奖	北京东方华脉建筑设计咨询有限责任公司	盘锦辽河油田房地产开发有限公司
聊城市东昌湖风景区旅游集散中心	规划金奖	上海现代建筑设计（集团）有限公司规划建筑设计院	聊城市规划局
灵宝城市西区核心区城市设计	规划金奖	陕西省城乡规划设计研究院	灵宝市城市西区建设指挥部
柳湖乡十里铺村村民安置小区	规划金奖	平凉市规划建筑勘测设计有限责任公司	平凉市崆峒区柳湖乡十里铺村
龙井花园	规划金奖	满洲里建筑勘察设计有限责任公司	呼伦贝尔市龙安房地产开发有限公司
明珠花园	规划金奖	吉林东勘项目管理有限公司	白城市明珠花园房地产开发有限公司
木兰溪湿地养生山庄规划	规划金奖	哈尔滨方舟城市规划设计有限公司	黑龙江木兰县政府
内蒙古巴彦淖尔市紫荆御阁小区	规划金奖	中核新能核工业工程有限责任公司	内蒙古巴彦淖尔市紫荆御阁房地产开发有限公司
南京市浦口新城研发创新基地规划设计方案	规划金奖	江苏省邮电规划设计院有限责任公司	南京市浦口新城建设指挥部
南京水利科学研究院当涂实验基地	规划金奖	江苏省邮电规划设计院有限责任公司	南京水利科学研究院
萍乡凯旋·香格里拉住宅小区	规划金奖	福建省建筑设计研究院	宏德盛（江西）房地产开发有限公司
秦皇岛万和郡	规划金奖	北京市建筑设计研究院有限公司、秦皇岛市建筑设计院、北京中新佳丽国际规划设计与咨询有限公司	秦皇岛润和房地产开发有限公司
青岛万科城	规划金奖	青岛市建筑设计研究院集团股份有限公司	青岛万科城地产有限公司
青岛中央文化区概念规划	规划金奖	青岛腾远设计事务所有限公司	青岛海创开发建设投资有限公司
全国总工会伊春回龙湾职工休养中心	规划金奖	上海现代建筑设计（集团）有限公司规划建筑设计院	伊春市旅游局
山西金晖盛世风情小区	规划金奖	上海华都建筑规划设计有限公司	山西金晖房地产开发有限公司
陕西省交通建设集团公司咸阳基地项目	规划金奖	中天王董国际工程设计有限公司	陕西通宇置业有限公司
上海龙水南路项目概念规划设计	规划金奖	上海现代建筑设计（集团）有限公司规划建筑设计院	上海濠泉房地产开发有限公司
上海滩·大宁城	规划金奖	AAI 国际建筑师事务所	上海屹申房产开发有限公司
沈阳万象城	规划金奖	亚图建筑设计咨询（上海）有限公司北京分公司	沈阳万象城
唐明宫项目详细规划	规划金奖	西安市城市规划设计研究院	西安工业资产经营有限公司
威海市中心区地下空间城市设计	规划金奖	解放军理工大学地下空间研究中心	威海市人民防空办公室
文昌阁一省府路历史文化片区详细规划	规划金奖	贵州省建筑设计研究院	贵阳市城乡规划局
武汉绿地国际金融城 A04 地块	规划金奖	上海大椽建筑设计事务所（普通合伙）	绿地地产集团武汉置业有限公司
武汉市吴家山新城（核心区）规划设计	规划金奖	英联达奇（北京）国际工程顾问有限公司	武汉市东西湖区城市规划管理局
武威市行政中心修建性详细规划	规划金奖	兰州理工大学建筑勘察设计院	武威市人民政府
西藏民俗风情园规划	规划金奖	江苏省城市规划设计研究院	拉萨市国土资源局
西宁曹家寨村片区改造规划	规划金奖	上海现代建筑设计（集团）有限公司规划建筑设计院	西宁市规划局
西宁市东关清真大寺周边街区修建性详细规划	规划金奖	上海现代建筑设计（集团）有限公司规划建筑设计院	西宁市城乡规划局
湘潭德馨小区	规划金奖	湘潭市建筑设计院	湘潭市房产管理局
祥和景苑安置小区	规划金奖	甘肃省城乡规划设计研究院	兰州龙林房地产开发有限公司
烟台磁山旅游风情小镇概念规划设计	规划金奖	上海现代建筑设计（集团）有限公司规划建筑设计院	寿光中南房地产开发有限公司
盐城市三湾人家新农村建设规划与建筑设计	规划金奖	上海现代建筑设计（集团）有限公司规划建筑设计院	盐城市规划局盐都分局
仪征·东方曼哈顿	规划金奖	同济大学建筑设计研究院（集团）有限公司	扬州市荣润房地产开发有限公司
营口御景山温泉山庄	规划金奖	天津港津建筑设计工程有限公司	营口港房地产开发有限责任公司二公司
雍翠湾（即墨康庭嘉苑二期）	规划金奖	青岛北洋建筑设计有限公司	青岛裕桥置业有限公司
张家口老鸦庄"城中村"改造（凤凰国际城）	规划金奖	北京市建筑设计研究院有限公司、北京品墅建筑咨询中心（有限合伙）	张家口润鸿房地产开发有限公司
镇江市丹徒新城谷阳湖区块建设发展规划	规划金奖	南京大学建筑与城市规划学院	镇江市丹徒区人民政府建设局
郑州弘润·幸福里小区规划设计方案	规划金奖	清华大学建筑设计研究院有限公司	河南顺和置业有限公司
中欧一可持续发展的花园城市	规划金奖	波捷特（北京）建筑设计顾问有限公司	欧洲易赛投资管理顾问（北京）有限公司
重庆模具产业园区华港翡翠城	规划金奖	机械工业第三设计研究院	重庆模具产业园区开发建设有限公司
重庆市公共租赁房民心佳园	规划金奖	山西省建筑设计研究院、衡源德路工程设计（北京）有限公司	重庆市地产集团
遵义市新蒲新区新舟组团城市设计	规划金奖	贵州省建筑设计研究院	遵义市新蒲新区管理委员会
太古城花园住宅景观设计	环境金奖	深圳市东大景观设计有限公司	宝能地产股份有限公司
广州市白云公园绿化景观工程	环境金奖	广东省建筑设计研究院	广州市土地开发中心

2012 获奖名单 | 2012 AWARD LIST

项目名称	奖项	规划设计单位	开发建设单位
泰州华侨城湿地综合旅游项目景观设计	环境金奖	深圳市东大景观设计有限公司	华侨城集团
银川"长信春天"住宅园林景观规划设计	环境金奖	北京市城美绿化设计工程公司	宁夏长信源房地产有限公司
山西柳林联盛教育园区景观工程设计	环境金奖	澳斯派克（北京）景观规划设计有限公司	山西联盛能源（集团）有限公司
武汉玛雅海滩水公园水处理	环境金奖	深圳市东方祺胜实业有限公司	武汉华侨城实业有限公司
锦绣世家西苑	环境金奖	湘潭市建筑设计院	湘潭中孚房地产开发有限公司
获嘉县福禄东苑住宅小区	环境金奖	河南城市建筑设计院有限公司	新乡市福禄房地产开发有限公司
天津东丽一号	环境金奖	北京中新佳联国际规划设计与咨询有限公司	阳光新业地产股份有限公司
海赋国际小区园林景观绿化工程	环境金奖	北京市城美绿化设计工程公司	中国水电建设集团中环房地产有限公司
济南中海地产环宇城	规划、建筑双金奖	美国捷得国际建筑师事务所	济南中海地产投资有限公司
润地九墅	规划、建筑双金奖	上海方大建筑设计事务所	浙江润地置业有限公司
中国三亚海棠湾红树林酒店	规划、建筑双金奖	北京泽碧克格鲁建筑设计咨询有限公司	今典集团
中海·尚湖世家	规划、建筑双金奖	北京道林建筑规划设计咨询有限公司	北京中海地产有限公司
天津大悦城	规划、建筑双金奖	亚图建筑设计咨询（上海）有限公司北京分公司	天津大悦城
天津中建·御景华庭居住小区	规划、建筑双金奖	天津大学建筑学院、天津大学建筑设计研究院	天津兴渤海建设有限公司
尹东八村二区	规划、建筑双金奖	苏州东吴建筑设计院有限责任公司	苏州吴中建业发展有限公司
广州凤凰御景项目	规划、建筑双金奖	智地国际工程顾问有限公司（广州）	广州市雄炜房地产开发有限公司
中石化西北石油局米泉基地规划	规划、建筑双金奖	同济大学建筑设计研究院（集团）有限公司	中国石化集团西北石油局
昆山农房·英伦尊邸	规划、建筑双金奖	中国联合工程公司	昆山明丰房地产有限公司
山西高平旧城改造城市设计	规划、建筑双金奖	中国建筑设计研究院陈一峰工作室	山西高平规划局
浦东新区曹路大基地南扩区 B07-02 地块	规划、建筑双金奖	上海中星志成建筑设计有限公司	上海地产中星曹路基地开发有限公司
农房·澜湾九里	规划、建筑双金奖	上海城乡建筑设计院有限公司	南宁国粮房地产开发有限公司
天长市千禧佳福居住小区	规划、建筑双金奖	上海尧舜建筑设计有限公司安徽分公司	安徽天成置业发展有限公司
苏州建屋 2.5 产业园	规划、建筑双金奖	德国 FTA 建筑设计有限公司	苏州建屋 2.5 产业园
集宁察哈尔银座修建性详细规划	规划、建筑双金奖	中国建筑设计研究院城镇规划设计研究院	内蒙古伊东房地产开发有限公司
金域王府	规划、建筑双金奖	北京市喜邦国际工程设计顾问有限公司	临汾市城投金科房地产有限公司
致远家园	规划、建筑双金奖	天津华汇建筑工程设计有限公司	天津中海兴业房地产有限公司
成都建工紫荆城	规划、建筑双金奖	四川省建筑设计院	成都建兴房地产开发有限责任公司
海韵·陵河假日	规划、建筑双金奖	建筑综合勘察研究院有限公司、深圳市三境建筑设计事务所	陵水海韵投资发展有限公司
昆山农房·恒海国际花园二期	规划、建筑双金奖	上海联创建筑设计有限公司	江苏东恒海置业发展有限公司
浙江农林大学天目学院	规划、建筑双金奖	浙江工业大学建筑规划设计研究院有限公司	浙江农林大学天目学院建设工程领导小组办公室
中国重庆隆鑫鸿府居住社区设计	规划、建筑双金奖	北京泽碧克格鲁建筑设计咨询有限公司	重庆天江坤宸置业有限公司
北仑中心区 E 地块建筑设计	规划、建筑双金奖	深圳华森建筑与工程顾问有限公司杭州分公司	宁波北仑环球置业有限公司
鸿顺·御景城小区	规划、建筑双金奖	山东大卫国际建筑设计有限公司	山东鸿顺房地产开发有限公司
山东滨州科达居住区项目	规划、建筑双金奖	上海现代建筑设计（集团）有限公司规划建筑设计院	山东滨州科达置业有限公司
青岛画院改造项目	规划、建筑双金奖	青岛腾远设计事务所有限公司	青岛画院
华润橡树湾	规划、建筑双金奖	安徽地平线建筑设计事务所有限公司	合肥庐阳华润房地产开发有限公司
海德公园一号	规划、建筑双金奖	青岛北洋建筑设计有限公司	青岛霄隆置业有限公司
龙湖·时代天街	规划、建筑双金奖	中国建筑设计研究院	北京龙湖兴润置业有限公司
成都龙湖·小院青城	规划、建筑双金奖	上海日清建筑设计有限公司	龙湖地产
中南大学湘雅三医院益阳医院	规划、建筑双金奖	山东省建筑设计研究院	湖南益康达医疗投资有限公司
六安舒城县梅河路商业街城市设计	规划、建筑双金奖	安徽建筑工业学院建筑与规划学院、安徽建苑城市规划设计研究院	舒城县住房与城乡建设局
兰州市儿童福利院（新建）	规划、建筑双金奖	兰州有色冶金设计研究院有限公司	兰州市儿童福利院
银丰·唐郡 1# 地	规划、建筑双金奖	北京市建筑设计研究院有限公司	济南银丰唐冶房地产开发有限公司
中海·九号公馆	规划、建筑双金奖	北京市建筑设计研究院有限公司、深圳市欧普建筑设计有限公司	北京中海地产有限公司
公园置尚（原天江鼎城）	规划、建筑双金奖	重庆卓创国际工程设计有限公司	重庆中关村实业发展有限责任公司
安东石油四川遂宁设备服务总部基地项目	规划、建筑双金奖	英联达奇（北京）国际工程顾问有限公司	安东石油技术（集团）有限公司
远大美域二期工程	规划、建筑双金奖	珠海市建筑设计院	珠海远大置业有限公司

项目名称	奖项	规划设计单位	开发建设单位
凤景湾	规划、建筑双金奖	建筑综合勘察研究设计院有限公司、深圳市三境建筑设计事务所	广西北投地产有限责任公司
邯郸赵都华府	规划、建筑双金奖	北京中新佳联国际规划设计与咨询有限公司、北京品墨建筑咨询中心（有限合伙）	邯郸智华房地产开发有限公司
嘉峪关东兴嘉园住宅小区	规划、建筑双金奖	兰州有色冶金设计研究院有限公司	甘肃东兴铝业有限公司
中梁滨江首府	规划、建筑双金奖	上海方大建筑设计事务所	温州中梁通置业有限公司
渤龙湖观湖湾·渤龙湖瞰湖湾	规划、建筑双金奖	清华大学建筑设计研究院有限公司	天津海泰房地产开发有限公司
中粮万科长阳半岛 1# 地 04 地块住宅及配套项目	规划、建筑双金奖	北京市住宅建筑设计研究院有限公司	北京中粮万科房地产开发有限公司
融创茶园麓山项目（融创`伊顿庄园）	规划、建筑双金奖	重庆卓创国际工程设计有限公司	融创尚峰置业有限公司
河南大学科技园东区 B2-1 地块	规划、建筑双金奖	清华大学建筑设计研究院有限公司	河南高新区大学科技园发展有限公司
武汉东湖区综合保税区一期	规划、建筑双金奖	上海现代建筑设计（集团）有限公司规划建筑设计院	武汉光谷建设投资有限公司
苏宁无锡太湖新城项目	规划、建筑双金奖	南京长江都市建筑设计股份有限公司	无锡苏宁置业有限公司
北京市大兴区黄村 16 号地（金地仰山）	规划、建筑双金奖	上海日清建筑设计有限公司	北京金地
扬子·颐河园	规划、建筑双金奖	扬州市东方建筑设计院有限公司	扬州花园置业有限公司
天津中医药大学第一附属医院迁址新建工程	规划、建筑双金奖	天津市建筑设计院	天津中医药大学第一附属医院
丰都县厢坝旅游集镇安置区建筑设计方案	规划、建筑双金奖	同济大学建筑设计研究院（集团）有限公司	丰都县三坝乡人民政府
融侨锦江·悦府花园	规划、建筑双金奖	美国诺曼吾间建筑设计与管理有限公司（上海）	福建融侨置业有限公司
海信依云谷	规划、建筑双金奖	青岛阿尔本建筑城市设计公司	青岛海信房地产股份有限公司
湖南省长沙市麓枫和苑小区	规划、建筑双金奖	长沙图龙设计有限公司	长沙市岳麓新城保障房屋建设开发有限公司
西安航天城交大附中、附小	规划、建筑双金奖	中联西北工程设计研究院	陕西侨商投资有限公司
华彬庄园（新建）项目修建性详细规划	规划、建筑双金奖	中国建筑技术集团有限公司	北京华彬庄园绿色休闲健身俱乐部有限公司
黄山高铁新区住宅区规划及建筑设计方案	规划、建筑双金奖	上海市建工设计研究院有限公司	黄山市高铁新区开发投资有限公司
赤峰蒙东云计算产业孵化园规划与建筑设计	规划、建筑双金奖	苏州二建集团设计研究院有限公司	内蒙古龙云产业园有限公司
湖北养心域度假村建筑方案设计	规划、建筑双金奖	北京大地风景建筑设计有限公司	湖北首鼎置业有限公司
保利港湾国际小区	规划、建筑双金奖	机械工业第三设计研究院	保利（重庆）投资实业有限公司
沈阳三盛颐景园（376 地块）方案	规划、建筑双金奖	上海唯景建筑设计事务所（普通合伙）	沈阳兴铭房地产有限公司
广州金沙洲 A 区商用与住宅项目（一期）	规划、建筑双金奖	广东省城乡规划设计研究院	广州丽运房地产开发有限公司
平度市福利服务中心工程规划及建筑设计	规划、建筑双金奖	山东省建筑设计研究院二分院	平度市民政局
武汉东湖蔡家咀地块规划建筑设计方案	规划、建筑双金奖	上海现代建筑设计（集团）有限公司规划建筑设计院	武汉市土地整理储备中心
南昌泰豪．紫荆国际公寓	规划、建筑双金奖	北京中新佳联国际规划设计与咨询有限公司、北京品墨建筑咨询中心（有限合伙）	江西康富置业有限公司
江苏射阳特殊教育学校迁建	规划、建筑双金奖	同济大学建筑设计研究院（集团）有限公司	江苏射阳特殊教育学校
广州中海誉城	规划、建筑双金奖	香港华艺设计顾问（深圳）有限公司，香港华艺设计顾问（深圳）有限公司广州分公司	广州毅源房地产开发有限公司
万佛湖镇政务、旅游文化新区	规划、建筑双金奖	安徽建筑工业学院建筑与规划学院、安徽建苑城市规划设计研究院	舒城县万佛湖镇人民政府
江苏沿海股权投资中心修建性详细规划方案	规划、建筑双金奖	上海现代建筑设计（集团）有限公司规划建筑设计院	江苏沿海股权投资中心有限公司
常州龙湖·龙誉城	规划、建筑双金奖	上海日清建筑设计有限公司	龙湖集团
勐仑 Anantara 度假酒店	规划、建筑双金奖	中外建工程设计与顾问有限公司深圳分公司	云南云投建设有限公司
三川·水岸新城	规划、建筑双金奖	北京科可兰建筑设计咨询有限公司	南阳三川置业集团
六安百建·世纪城	规划、建筑双金奖	上海尧舜建筑设计有限公司安徽分公司	安徽百建置业有限公司
武汉金地·华公馆	规划、建筑双金奖	上海现代建筑设计（集团）有限公司规划建筑设计院	武汉金地房地产开发有限公司
鹤翔山庄	规划、建筑双金奖	四川华胜建筑规划设计有限公司	中国农业银行四川省分行
青州龙苑	规划、建筑双金奖	上海华都建筑规划设计有限公司	山东丛亿置业有限公司
芭东和园国际养生康复中心	规划、建筑双金奖	青岛易境工程咨询有限公司	青岛中天嘉合置业有限公司
济阳海棠湾国际温泉度假村	规划、建筑双金奖	山东点石建筑设计有限公司	山东宝润置业有限公司
青岛胶州市少海新城湖湾岛低密度住宅区	规划、建筑双金奖	青岛易境工程咨询有限公司	青岛远拓置业有限公司
中海锦城	规划、建筑双金奖	四川省建筑设计院、深圳欧普建筑设计有限公司	成都中海鼎盛房地产开发有限公司
深圳市罗湖区田心村旧城改造	规划、建筑双金奖	深圳市中唯设计有限公司	深圳市嘉葆润房地产有限公司
天泰奥园	规划、建筑双金奖	青岛市建筑设计研究院集团股份有限公司	青岛天泰房地产有限公司
天津开发区天保金海岸 D-03 地块小学	规划、建筑双金奖	天津港津建筑设计工程有限公司	天津滨海开元房地产开发有限公司
文登市南海翡翠城	规划、建筑双金奖	山东建大建筑规划设计研究院	威海银华房地产开发有限公司

2012 获奖名单 ｜ 2012 AWARD LIST

项目名称	奖项	规划设计单位	开发建设单位
金科·阳光小镇	规划、建筑双金奖	机械工业第三设计研究院	金科地产集团股份有限公司
和平美景	规划、建筑双金奖	江苏华源建筑设计研究院股份有限公司、上海兴田建筑工程事务所	常州广信置业发展有限公司
汤池镇镇东安置区	规划、建筑双金奖	合肥工业大学建筑设计研究院	安徽省庐江县汤池镇人民政府
海阔天空－国悦城 A12、A14、C21 地块	规划、建筑双金奖	总后勤部建筑设计研究院武汉分院	海口市新城区建设开发有限公司
优山美地花园	规划、建筑双金奖	上海方大建筑设计事务所	和融控股集团
上海市嘉定区枫树林动迁安置房工程	规划、建筑双金奖	上海现代建筑设计（集团）有限公司规划建筑设计院	上海新投建设发展有限公司
西善桥西侧岱山保障性住房项目	规划、环境双金奖	南京长江都市建筑设计股份有限公司	南京市保障房建设发展有限公司
营口鹊鸣湖创意设计中心及科技主题公园	规划、环境双金奖	天津港津建筑设计工程有限公司	营口经济技术开发区鹊鸣湖科技产业园管理委员会
吉林高新区北部新区城市设计	规划、环境双金奖	中国建筑设计研究院城镇规划设计研究院	吉林国家高新技术产业开发区
玉林市百里景观长廊规划	规划、环境双金奖	广西华蓝设计（集团）有限公司	玉林市住房与城乡规划建设委员会
淮安明发商业广场景观工程设计	规划、环境双金奖	上海英创建筑景观规划设计有限公司	淮安明发房地产开发有限公司
怀仁县旧城局部地块规划设计	规划、环境双金奖	中国建筑设计研究院城镇规划设计研究院	怀仁县建设局
邯郸市滏阳河景观及酒吧街规划设计	规划、环境双金奖	元正（天津）建筑设计有限公司	邯郸市规划局
金地·公园上城	规划、环境双金奖	上海日清建筑设计有限公司	金地集团
昆山花桥金融园（三星级绿色建筑）	规划、环境双金奖	德国 FTA 建筑设计有限公司	昆山花桥金融园
楚雄州文化中心环境景观设计	规划、环境双金奖	广西华蓝设计（集团）有限公司	楚雄州建设局州文化中心项目建设指挥部
利辛老城西北部地区（凤凰城）城市设计	规划、环境双金奖	合肥华祥规划建筑设计有限公司、北京汉通建筑规划设计顾问有限公司	安徽省利辛县人民政府
济南园博园愿学书院整体规划与设计	规划、环境双金奖	北京大地风景建筑设计有限公司	济南西区
西藏山南措美县哲古镇规划	规划、环境双金奖	西藏圣益建筑勘察设计有限公司	西藏山南措美县人民政府
隋唐洛阳城遗址宫城区保护性规划	规划、环境双金奖	北京大学、北京大地风景旅游景观规划院	洛阳市文物管理局
淮安高教园区科技园规划设计方案	规划、环境双金奖	江苏省邮电规划设计院有限责任公司	淮安高教园区
郑州新田城洞林湖环湖生态公园	规划、环境双金奖	奥丁（上海）工程设计有限公司	河南新田城置业有限公司
甘肃煤田地质局庆阳资源勘察院生活区	规划、环境双金奖	兰州理工大学建筑勘察设计院	甘肃煤田地质局庆阳资源勘查院
西安兵器工业科技产业基地综合保障园	规划、环境双金奖	西安市城市规划设计研究院	北方发展投资有限公司
济南尚品·清河	规划、环境双金奖	山东中大建筑设计有限公司	济南源利置业有限公司
南京大报恩寺遗址公园规划设计	规划、环境双金奖	华东建筑设计研究院有限公司	南京大明文化实业有限责任公司
开封新晋美悦都	规划、环境双金奖	澳洲 OCEANIA 国际设计公司、上海澳欣亚建筑规划设计有限公司、华东理工大学艺术设计与传媒学院	河南新晋美置业有限公司
株洲攸县东方大院	规划、环境双金奖	湘潭市建筑设计院	株洲瑞祥房地产开发有限公司
庐江·中心城修建性详规与建筑方案设计	规划、环境双金奖	合肥工业大学建筑设计研究院	安徽省庐江县云升房地产开发有限公司
莱芜市北部新城核心区城市设计	规划、环境双金奖	上海现代建筑设计（集团）有限公司规划建筑设计院	莱芜市莱城区政府
景瑞·望府	规划、环境双金奖	上海日清建筑设计有限公司	景瑞置业
华厦·馨苑	规划、科技双金奖	辽宁北方建筑设计院有限责任公司、本溪市规划设计研究院	本溪市腾鸿房地产开发有限责任公司
无锡生态城示范区控制性详细规划及城市设计	规划、科技双金奖	江苏省城市规划设计研究院	无锡市太湖新城建设指挥部
仙桃满庭春 MOMA	规划、科技双金奖	中信建筑设计研究总院有限公司	湖北万星置业有限公司
成都·国奥村	环境、科技双金奖	汉嘉设计集团股份有限公司西南分公司	成都国奥村置业有限公司
宁波滨江大道书城南侧地块	建筑、环境双金奖	同济大学建筑设计研究院（集团）有限公司	宁波市规划局
中国哈尔滨哈西公路客运综合枢纽站	建筑、环境双金奖	北京泽碧克格鲁建筑设计咨询有限公司	哈尔滨哈西老工业区改造建设投资有限公司
中海国际社区·御湖公馆／御湖一号	建筑、环境双金奖	中国中元国际工程公司 中海兴业（西安）有限公司	
中海·广州云麓公馆	建筑、环境双金奖	广州宝贤华瀚建筑工程设计有限公司	广州广奥房地产发展有限公司
北京城建·世华龙樾	建筑、环境双金奖	北京易兰城乡规划工程设计有限公司	北京城建兴华地产有限公司
北京亿城青龙湖郊野休闲社区	建筑、环境双金奖	上海日清建筑设计有限公司	北京西海龙湖置业
湖北恩施住宅	建筑、环境双金奖	上海华都建筑规划设计有限公司	恩施地产
海南七仙岭希尔顿逸林温泉度假酒店	建筑、环境双金奖	中外建工程设计与顾问有限公司深圳分公司	海南金凤凰温泉度假酒店有限公司
青岛西海岸发展集团展览馆	建筑、环境双金奖	青岛易境工程咨询有限公司	青岛西海岸发展（集团）有限公司
中洲·中央公园	建筑、环境双金奖	柏海建筑设计（深圳）有限公司 深圳新西林园林景观有限公司	深圳市中洲宝城置业有限公司

项目名称	奖项	规划设计单位	开发建设单位
南海湾威尼斯洲	建筑、环境双金奖	广东工业大学建筑设计研究院	广东中旅（南海）旅游投资有限公司
中新天津生态城公屋展示中心	建筑、科技双金奖	天津市建筑设计院	中新天津生态城
圣海·天鹅湖畔	建筑、科技双金奖	中国中建设计集团有限公司	圣海荣华旅游文化开发有限公司
福建莆田萩芦溪旅游地产项目	综合大奖	清华大学建筑设计研究院有限公司	莆田市秋实房地产开发有限公司
深圳市宝安区凤凰山台湾美食街设计	综合大奖	深圳市东大景观设计有限公司	深圳凤凰股份合作公司
青岛市李沧区下王埠社区旧村改造项目	综合大奖	中国建筑设计研究院	青岛金实房地产开发投资有限公司
第一湾	综合大奖	中机国际工程设计研究院有限责任公司	湖南富湘房地产开发有限公司
中海·苏黎世家	综合大奖	中国建筑设计研究院	北京中海地产有限公司
南通幸福天地	综合大奖	南通市规划设计院有限公司	南通农房虹阳置业有限公司
廊坊基地老区改造工程	综合大奖	中国石油天然气管道工程有限公司	中国石油天然气管道局矿区服务事业部
中海姑苏公馆项目	综合大奖	苏州市规划设计研究院有限责任公司	中海发展（苏州）有限公司
广州金地·荔湖城	综合大奖	广东省城乡规划设计研究院	广州市东凌房地产开发有限公司
长兴国际生态城·园博府	综合大奖	清华大学建筑设计研究院有限公司	北京万年基业建设投资有限公司、北京万年基业房地产开发有限公司
君汇半岛花园（碧泉居 碧涛君 碧湖居）	综合大奖	上海华都建筑规划设计有限公司	君汇半岛
唐郡关中文化民俗小镇	综合大奖	美国飞大建筑设计咨询（上海）有限公司	西安万业房地产开发有限公司
三亚万科湖心岛	综合大奖	法国欧博建筑与城市规划设计公司、深圳市欧博工程设计顾问有限公司	万科集团
远洋万和公馆	综合大奖	中建（北京）国际设计顾问有限公司	北京远豪置业有限公司
天津滨海置地洞庭路住宅小区	综合大奖	天津博瑞易筑建筑设计有限公司	天津滨海置地有限公司
西安浐灞生态区浐灞半岛浐灞新视界	综合大奖	北京新松建筑设计研究院有限公司	西安中新荣景房地产开发有限公司
寰宇天下	综合大奖	上海水石建筑规划设计有限公司	中海地产重庆有限公司
巴林左旗林东镇行政办公区设计	综合大奖	中国建筑设计研究院城镇规划设计研究院	巴林左旗住房和城乡建设局
北京长辛店生态城（一期）南区规划设计	综合大奖	北京市住宅建筑设计研究院有限公司	北京万年基业房地产开发有限公司
苏州仁恒棠北小区	综合大奖	上海日清建筑设计有限公司	仁恒
金东方颐养园	综合大奖	江苏华源建筑设计研究院股份有限公司、上海兴田建筑工程事务所	常州市武进区金东方颐养中心
陕西府谷农村合作银行综合服务大楼	综合大奖	陕西省现代建筑设计研究院	府谷县农村合作银行
长沙明发广场项目	综合大奖	上海现代建筑设计（集团）有限公司规划建筑设计院	明发集团（长沙）房地产开发有限公司
中海国际社区峰墅	综合大奖	上海天华建筑设计公司	中海兴业（西安）有限公司
北戴河东经路宾馆	综合大奖	元正（天津）建筑设计有限公司	秦皇岛市人民政府北戴河宾馆
西安曲江新区曲江国际会议中心	综合大奖	德国 GMP 国际建筑设计有限责任公司	西安曲江国际会展投资控股有限公司
常德行政中心	综合大奖	中国建筑设计研究院	常德市政府
德润绿城·百合园	综合大奖	青岛绿城建筑设计有限公司	山东德润绿城置业发展有限公司
华润海南石梅湾旅游度假区山地住宅项目一期	综合大奖	上海日清建筑设计有限公司	华润集团
青城山上善栖住宅项目	综合大奖	四川省建筑设计院	四川亿兴置业发展有限公司
天津市梅江华厦津典川水园	综合大奖	天津市房屋鉴定勘测设计院、加拿大 CUN（加尚）建筑设计	天津市梅江建设发展股份有限公司
绿城·广州桃花源	综合大奖	浙江绿城建筑设计有限公司、上海源建建筑设计事务所、北京奇思彭景观设计工作室有限公司	广州市绿山湖房地产开发有限公司
北海冠岭项目二期五星级酒店及会议中心	综合大奖	广西华蓝设计（集团）有限公司	广西旅游投资集团沿海投资开发有限公司
潍坊高新区 CBD 项目规划及建筑设计	综合大奖	上海现代建筑设计（集团）有限公司规划建筑设计院	山东潍坊高新城市建设投资开发有限公司
杨凌恒大城	综合大奖	陕西省现代建筑设计研究院	恒大地产集团西安有限公司
山东济南养老服务中心详细规划方案设计	综合大奖	山东省建筑设计研究院	山东济南养老服务中心
国信象山·自然天城	综合大奖	何显毅（中国）建筑工程师楼有限公司	江苏国信象山地产有限公司
绿城·富春玫瑰园	综合大奖	绿城东方建设设计有限公司、澳大利亚 DAHD 景观设计有限公司	杭州华滋绿城房地产有限公司
中海·紫御豪庭	综合大奖	香港华艺设计顾问（深圳）有限公司	上海海创房地产有限公司
中航国际北京航空城	综合大奖	中国电子工程设计院、冯格康玛戈建筑设计咨询有限公司	中国航空技术北京有限公司
昆山金融街	综合大奖	德国 FTA 建筑设计有限公司	昆山金融街
上实朱家角特色水乡居住区	综合大奖	亚图建筑设计咨询（上海）有限公司北京分公司	上实集团
越秀·星汇城	综合大奖	加拿大蔡德勒建筑事务所、广州瀚华建筑设计有限公司	杭州越秀房地产开发有限公司

图书在版编目（ＣＩＰ）数据

　　人居动态. 10, 2013 全国人居经典建筑规划设计方案竞赛获奖作品精选 ／ 郭志明, 陈新主编. -- 北京 ：中国林业出版社, 2013.10
　　ISBN 978-7-5038-7231-0

　　Ⅰ. ①人… Ⅱ. ①郭… ②陈… Ⅲ. ①住宅－建筑设计－作品集－中国－2013 Ⅳ. ①TU241

　　中国版本图书馆 CIP 数据核字(2013)第 242106 号

中国林业出版社·建筑与家居出版中心
责任编辑：纪　亮
在线对话：1140437118（QQ）

策　　　划：北京东方华脉建筑设计咨询有限责任公司
版式设计：赵予洋

出版：中国林业出版社
　　　（100009 北京西城区德内大街刘海胡同 7 号）
网址：http://lycb.forestry.gov.cn/
E-mail: cfphz@public.bta.net.cn
电话：（010）8322 5283
发行：中国林业出版社
印刷：北京利丰雅高长城印刷有限公司
版次：2013 年 10 月第 1 版
印次：2013 年 10 月第 1 次
开本：1/16
印张：18.375
字数：300 千字
定价：320.00 元